DeepSeek学习力

孩子都要用的
AI家教助手

黄南茜 刘苗苗 编著

人民邮电出版社

北　京

图书在版编目（CIP）数据

DeepSeek 学习力：孩子都要用的 AI 家教助手 / 黄南茜, 刘苗苗编著. -- 北京：人民邮电出版社, 2025.

ISBN 978-7-115-66908-7

I. TP18-49

中国国家版本馆 CIP 数据核字第 202570F29Z 号

内 容 提 要

这本书创新性地将 DeepSeek 这一人工智能工具与科学学习方法深度结合，通过活泼好奇的学生米米与两位 AI 助手精灵（小 D 和小 K）的互动故事，生动讲解如何利用 DeepSeek 培养高效的学习习惯和思维能力。从激发学习动力到学科知识突破，从时间管理到记忆力提升，本书不仅教授读者"如何运用 AI 工具"，更注重引导读者"如何思考"。这是一本平衡科技应用与能力培养的实用指南，能够帮助读者在信息爆炸的时代，既能借助 AI 工具高效学习，又能锻炼独立思考能力。

本书适合初高中学生阅读，高年级的小学生也可在家长的辅导下使用本书。

◆ 编　　著　黄南茜　刘苗苗
　　责任编辑　王振华
　　责任印制　陈　犇

◆ 人民邮电出版社出版发行　　北京市丰台区成寿寺路 11 号
　　邮编　100164　　电子邮件　315@ptpress.com.cn
　　网址　https://www.ptpress.com.cn
　　雅迪云印（天津）科技有限公司印刷

◆ 开本：880×1230　　1/32
　　印张：8.375　　　　　　　　2025 年 7 月第 1 版
　　字数：300 千字　　　　　　　2025 年 7 月天津第 1 次印刷

定价：69.80 元

读者服务热线：(010) 81055410　印装质量热线：(010) 81055316
反盗版热线：(010) 81055315

DeepSeek

开启全新

学习模式

序一

还记得那个清晨，我的孩子大米趴在书桌前，望着堆积如山的作业和练习册，眉头紧锁。那一刻，我仿佛看到了无数孩子在学习路上的迷茫和困惑。我曾与我的孩子大米打了一个关于"我要考上北大研究生"的小赌约，毕业后再工作就被很多家长亲昵地称为"北大米米妈"。

这个看似轻松的昵称背后，承载着我对教育的深刻思考和十多年的教育工作经验。

在从事学校教育和家庭教育咨询的这些年，我注意到一个普遍存在的问题：在拥有四十多名学生的课堂上，老师几乎无法为每个孩子提供个性化的指导。许多孩子的困惑被搁置，问题被忽视，潜力被埋没。

作为家长，我们多么希望能随时解答孩子的疑问，引导他们走出学习的迷雾，但我们并非全知全能，也有知识和精力的局限。

然而，科技的发展总是能在不经意间为我们提供新的可能。当国产人工智能工具如豆包、Kimi和DeepSeek相继推出时，我看到了一丝曙光。这些AI工具不仅拥有海量的知识，还能以适合孩子理解的方式进行沟通。

我突然意识到：普通家庭也能用正确的方法，将AI工具变成孩子在家里的"个性化老师"！

我有两个孩子，家人亲切地称他们为"大米"和"小米"。从他们的学习经历中，我洞察到了当代青少年的真实需求和困惑。因此，我创造了书中的主人公"米米"，一个刚上初中的普通学生。我将多年来积累的教育方法和经验自然融入她与DeepSeek助手精灵小D和小K的互动中。在小D的快捷解决方案和小K的深度思考引导下，米米逐步实现了学习能力的全面提升。

　　本书不仅关注"如何使用AI工具"，更注重"如何培养思考能力"。DeepSeek等AI工具不应成为孩子逃避思考的捷径，而应是激发思考、拓宽视野的助手。

　　作为一名教育工作者，我深知每个孩子都是独一无二的，都有自己的学习节奏和学习方式。而作为一位母亲，我更理解家长对孩子未来的期盼和担忧。这本书正是我将双重身份的经验与感悟倾注其中的结晶，希望能为更多的孩子打开一扇通往自主学习的大门。

　　在人工智能技术飞速发展的今天，我们既要善用科技的力量，又要培养独立思考的能力。愿每一位读者都能在这本书中发现学习的乐趣，掌握成长的密码。

　　期待你遇见更好的自己！

黄南茜

序二

　　我至今仍能清晰回忆起与DeepSeek初次对话的激动时刻，那种兴奋让我直到凌晨两点都难以入睡。那一刻，我意识到自己正站在技术革新的十字路口，目睹着可能彻底改变人类认知和学习方法的重大突破。在几乎每天都应用DeepSeek的过程中，它从一个简单的工具，逐渐演变成我思维的延伸——一个不知疲倦的讨论伙伴，一个随时待命的知识顾问，一个能够根据我的需求成长的学习助手。我常常思考，如果在求学时期能有这样一位"智慧伙伴"相伴，那我的学习历程将会被怎样改写。

　　DeepSeek的诞生令人瞩目，它让国产大语言模型以最低的成本为大众提供了接触尖端AI技术的途径，使得高质量的AI辅助学习和个性化的学习不再是少数人的专利。当我们能够熟练运用DeepSeek来探索问题时，学习就不再是一个单调的知识积累过程，而变成了一段充满启发和乐趣的探索之旅。

　　这本书不仅是DeepSeek这款AI工具的使用指南，更是学习方法革新和潜能激发的号召。翻开这本书，开启一段前所未有的学习旅程吧！

刘苗苗

米米

嗨~我是米米，一个普通的初中生，活泼好奇，热爱尝试新事物。时而积极时而懒散，经常会遇到学习方面的困扰（如拖延、记不住、不会规划等）。我对新科技充满了兴趣，但研究得不够深入。

小D

我是小D，AI助手精灵，积极乐观，充满活力，行动派，喜欢立即解决问题，热衷科技，对AI充满热情，有时过于依赖工具解决问题。

小K

我是小K，思考向导精灵，深度思考的引导者，冷静理性，注重长期能力培养，关注知识的本质和原理，擅长启发式教育。

目 录

第1章

遇见你的 DeepSeek学习助手　　013

第 2 章

点燃你的学习动力　051

第3章

打造高效的学习习惯　081

第4章

提升学习能力　123

第 6 章

安全使用须知   251

第0章

遇见你的 DeepSeek 学习助手

1.1 开启智能学习新纪元

啊，又是做不完的作业！为什么别人都能那么快做完？要是能有个人教教我就好了。

叮咚！听说有人需要学习帮助？我是小 D！你的 AI 学习助手！

AI 学习助手？

我是小 K，和小 D 一样来自 DeepSeek。

DeepSeek是一个能和你交流的智能学习伙伴。它通过分析海量的书籍、论文和网络资料，掌握了数学解题、科学知识讲解、语言表达等多种技能。DeepSeek就像用代码搭建的"知识图书馆"，当你向它提问时，它会快速在自己的知识库中找到相关内容，并用逻辑链条组装成你能理解的答案。无论是遇到作业难题、科学知识疑问还是需要创意灵感，使用它都能得到有效的帮助，它相当于一个24小时在线的学霸朋友。

等等……难道是我出现幻觉了吗？

当然不是！我们是来帮你开启全新学习方式的！不过……

不过什么？

什么秘诀？

不过，这需要你先了解一些使用秘诀。毕竟，真正的学习高手，不仅要会用工具，更要懂得如何用得巧妙。

别着急，让我们先来深入了解一下 DeepSeek！

◆ 你是否像米米一样时常遇到学习困扰?

◆ 如果你也有小D和小K,你最想让它们帮助你解决什么问题呢?

※ 背景拓展 ● ● ●

◆ **划时代的科技突破**

DeepSeek-R1不是普通的AI工具,它像中文世界的"智慧方舟"——从最基础的代码到理解逻辑的神经元网络,全部由中国团队原创研发。这是一次技术研发的重大突破,它用百亿级参数的模型架构,挑战了全球AI"头部玩家"的垄断地位。

◆ **创新模式的新范式**

DeepSeek团队开创了模块化创新路径,通过聚焦真实场景的"镜像训练"方法,使AI工具不仅拥有解题与推理的强大能力,还能深刻理解"欲穷千里目"等传统文化中的独特语境。这种创新成果不仅让我国站上人工智能的技术高地,也彰显了华夏智慧的独特魅力,为全球AI生态的发展注入了新的可能性。

◆ **成为创新接力者**

DeepSeek的诞生,宛如在太空站里缓缓升起的一杯中国茶:当我们能够运用完全自主的技术去探索最前沿的复杂逻辑时,新一代青少年便不再受限于"他人设定的规则"或"只能追随"的传统赛道。

如今，只需输入一句"请用音乐节奏来分析唐诗的韵律美感"，就能让这株凝聚了中国智慧的"AI种子"为你的创意与想象提供专业支持 —— 因为真正的原创技术，就该帮助每一个心系星辰大海的少年，让他们有机会登上更广阔的舞台。

1.1.1 看看DeepSeek怎样让学习更轻松

此时的米米还不知道，这个自称DeepSeek的学习小助手将如何改变她的学习之路。让我们一起来看看，DeepSeek究竟能为学习带来哪些神奇的改变。

实际上，DeepSeek能从以下四个维度让学习变得更轻松。

1.心态引导

当你在学习过程中遇到困惑时，DeepSeek会：

◆ 及时发现你的学习困扰。

◆ 分析压力来源和原因。

◆ 给予恰到好处的鼓励。

◆ 帮你重建学习信心。

别担心，每个人都会遇到困难，让我们一起去寻找解决方法。

2.习惯养成

为了帮你建立良好的学习习惯，DeepSeek能：

◆ 规划个性化的学习时间。

◆ 制订符合你特点的学习计划。

◆ 帮你养成规律的学习节奏。

◆ 帮你培养科学的学习方法。

好习惯的养成需要时间，我会一直陪着你。记住，我们的目标是让你真正学会思考。

3.能力提升

在提升学习能力方面，DeepSeek将：

◆ 鼓励你独立思考，主动探索答案。

◆ 引导你多维思考，全面分析问题。

◆ 培养你系统思考，逐步解决难题。

◆ 教导你学习方法，掌握学习技巧。

4.学科辅导

在具体知识学习中，DeepSeek可以：

◆ 转化复杂的知识点。

◆ 清晰地梳理知识脉络。

◆ 找到最适合的学习方法。

◆ 让知识变得易懂有趣。

我们可以把难懂的知识变成生动的故事！

通过这些维度的支持，DeepSeek就像一位全方位的学习伙伴，既能帮你攻克难题，又懂得关心你的成长。最重要的是，它不仅解决当下的问题，更致力于培养你独立思考和终身学习的能力。有了这样的AI助手，学习之路一定会变得更轻松、更有趣！

这是不是意味着我可以完全让 DeepSeek 帮我做很多事了？

当然不是！

事实上，DeepSeek更像是一个智能学习助手，它具有以下几个特点。

◆ 辅助理解，而不是替代思考。

◆ 提供方向，而不是包办全程。

◆ 激发潜能，而不是限制发展。

※ 知识园地

◆ **DeepSeek好帮手，但我才是主角**

① AI工具就像一把钥匙，可以帮我们打开知识宝库的大门。

② 但走进去探索、学习和思考的人必须是我们自己。

如果只是让DeepSeek帮我们解答题目，却不去理解和思考，那就像在看别人吃饭，自己永远都饿着肚子。

◆ 聪明的使用方式

① 遇到问题先自己思考。

② 用DeepSeek来验证想法或获取新思路。

③ 理解它的解释，并学会解决类似问题。

④ 慢慢培养自己独立思考的能力。

记住：DeepSeek（AI工具）只是我们学习之路上的好帮手，但成长的主人永远是我们自己！

明白了！有了 DeepSeek，就像多了一个超级学习伙伴！

没错！

等等，DeepSeek 真的只是一个 AI 助手吗？

当然不是！让我们继续了解，看看 DeepSeek 还有什么与众不同的地方吧！

1.1.2 不只是AI助手：认识真正的DeepSeek

可以在手机的应用商店下载DeepSeek的App，也可以在网页浏览器中输入DeepSeek的网址来体验。

在哪儿获取
DeepSeek 呢?

※ 知识园地

让我们先来认识一下DeepSeek的三种变身模式吧!

◆ **基础模式（V3）**

功能：适合回答/查询日常问题。

操作：反应快速，无须其他操作。

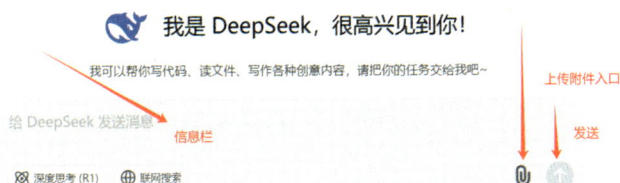

🐳 我是 DeepSeek，很高兴见到你!

我可以帮你写代码、读文件、写作各种创意内容，请把你的任务交给我吧~

给 DeepSeek 发送消息   信息栏   上传附件入口

                                                                        发送

⊗ 深度思考 (R1) 🌐 联网搜索   📎   ⬆

◆ **深度思考（R1）**

功能：回答复杂问题，有推理的思考过程。

操作：需要单击"深度思考（R1）"按钮启动该功能。

注意：反应时间较长，需要耐心等待。

◆ 联网搜索

功能：可实时从网上检索最新的信息，提供更及时和准确的回答。

操作：需要单击"联网搜索"按钮启动该功能。

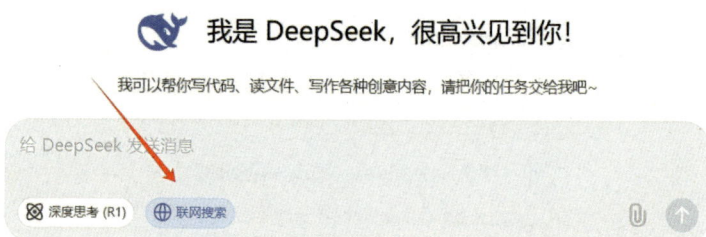

想象一下，如果普通的AI助手就像一个很会做题的优秀生，那DeepSeek就像一位既懂科技、又懂教育的未来老师。它不仅知道答案，更知道怎样帮助你思考和成长。

1.是助手，更是智慧伙伴

　　DeepSeek就像把图书馆、科学实验室和艺术工作室都装进了大脑，不管你问什么，它都能给出既专业又容易理解的解答。

所以说，DeepSeek 比一般的 AI 工具更厉害?

没错！就像超级英雄有特殊能力一样，DeepSeek 也有它的独特本领!

2.超强能力

◆ 它能同时理解文字、图片和声音，就像一个全能选手。

◆ 它懂得把复杂的知识连接起来，就像在大脑里建立了知识地图。

◆ 它会根据每个人的特点来交谈，就像一个会察言观色的好朋友。

　　但最厉害的是，DeepSeek不只是告诉你答案，而且会引导你思考。就像小K说的，与其给你一条鱼，不如教你钓鱼的本领。

授人以鱼，不如授人以渔!

3.个性化教育服务

在学习的过程中，每个人都是独特的个体。DeepSeek最厉害的地方，就是能像一位懂你的私教一样，为你量身定制专属服务。

◆ 了解你的学习风格：有人喜欢看视频学习，有人更适合阅读；有人喜欢先做题再总结，有人喜欢先理解再实践。DeepSeek会帮你找到最适合的学习方式。

◆ 调整辅导节奏：当你学得快时，它可以适当加快进度；当你需要更多时间理解时，它也会放慢脚步，耐心解释。

◆ 智能进度规划：根据你的学习情况，自动调整知识难度，既不会让你觉得太难、太快，又不会让你觉得太简单、太慢。

就像一位超级贴心的专属老师吗？

没错，每个人都独一无二，学习方式当然也要因人而异啊！

而这仅仅是开始，DeepSeek 对教育的理解和追求远不止于此。

4.教育新愿景

试想一下，在不久的将来：你打开书本，知识不再是平面的文字，而是立体的故事。物理定律变成了生动的实验动画，数学公式化身为趣味游戏，历史事件仿佛身临其境的场景重现……

你遇到困难，不再是孤军奋战，而是随时能获得精准的指导。复杂的题目变成了循序渐进的分解小步骤，抽象的概念化作容易理解的生活案例……

你的每一次进步，都会被细心记录，每一个困惑都能得到及时解答，付出的每一份努力都能收获成长的喜悦……

听起来真是太棒了！那 DeepSeek 是怎么帮助我们实现这些的呢？

这就是 DeepSeek 努力的方向，让学习变得更智能、更有趣、更有温度。

这也是我们接下来要聊的内容……

【小D和小K的贴心提示】

① 每个大脑都有独特的学习密码，找对方法才能事半功倍。

② 真正的智能教育，是懂你、懂学习、更懂成长的。

③ 科技不是冰冷的工具，而是有温度的学习伙伴。

④ 利用好AI工具，你将创造属于自己的精彩故事。

1.1.3 和DeepSeek一起，从普通生变学霸

其实，米米心里还在想：这次，真的能改变我的学习状态吗？

告诉你一个秘密：每个学霸的背后，都有一套独特的学习方法。而现在，有了DeepSeek这位超强学习伙伴，你也可以开启自己的学霸进化之路！

如何才能真正提升学习效果呢？

1.你的专属学习超能力

还记得那些让你头疼的时刻吗？

- ◆ 上课听不懂，偏偏又不好意思问。

- ◆ 做题卡住了，翻了半天书也找不到思路。

- ◆ 考试复习时，不知道重点在哪里。

- ◆ 明明很努力，可成绩总是不理想。

这不就是在说我吗！

其实每个人都会遇到这样的困扰，下面来看看你们班上之前和你有着一样烦恼的李华的故事吧！

2月1日：第一次用DeepSeek学习。说实话，我和它说自己经常听不懂物理课，班上同学都能听懂的内容我却总是一头雾水……它没有笑话我，反而跟我说每个人都有不同的学习节奏，重要的是找到适合自己的方法。今天遇到难题时，它建议我先说说自己的想法。虽然觉得有点麻烦，但还是试试看吧。

2月15日：惊喜！最近发现自己渐渐养成了先思考的习惯。今天解题时，突然发现自己能想到用不同方法解决问题了。DeepSeek说这就是思维能力在提升！

3月8日：今天预习新课时有很多不懂的地方。我把疑问都记下来，课堂上特别留意这些点。晚上用DeepSeek梳理，发现知识连接得特别清晰。

3月30日：物理小测验成绩出来了！不敢相信我考了88分！更让我惊讶的是，做题时居然不再害怕了，反而觉得挺有意思的。

4月20日：今天同学们问我是怎么学习的，我才发现自己真的变了好多。不只是成绩提高了，更重要的是学会了怎么学习。

李华现在变得这么厉害了吗？

是的，关键不在于他用了 DeepSeek，而是他找到了适合自己的学习方式。

当然，每个人的学习节奏都不一样，重要的是找到适合自己的方式，然后坚持下去。就像种一棵树，今天浇水、明天施肥，看似变化很小，但时间长了，你一定会惊讶于自己的成长。

但不是每个人都能像李华一样进步这么快吧？

2.你的学习蜕变之旅

和DeepSeek一起，你将慢慢经历：

听起来真的很棒！我也想开始我的学习蜕变之旅！

◆ 从"要我学"到"我要学"的思维转变。

◆ 从被动接受到主动探索的学习方式转变。

◆ 从畏惧困难到享受挑战的心态转变。

◆ 从死记硬背到举一反三的能力转变。

【小D和小K的贴心提示】

① 学霸不是天生的，每个人都在不断成长。

② 与其羡慕别人的进步速度，不如找到自己的节奏。

③ 坚持的路上不孤单，DeepSeek永远在你身边。

④ 今天的每一小步，都是你通向成功的基石。

1.1.4 使用DeepSeek的五个小秘诀

DeepSeek这么厉害，但具体要怎么用才能事半功倍呢？

使用DeepSeek其实很简单，但要用得好，还是有一些小窍门的。就像玩游戏有攻略，学习也需要技巧。让我们一起来看看这五个实用的小秘诀吧！

1.清晰地表达

我这道题不会……

等等，让我们试试更好的表达方式。

可以从下面的示例中选择合适的问题，然后组合成更清晰的表达方式，以便DeepSeek更好地理解你的需求。

◆ 个人信息：你几岁？几年级？你的身份是什么？

◆ 具体情况：这是哪门学科的问题？这是一个什么样的问题？

◆ 背景和条件：你已经知道和确定的信息有哪些？

◆ 思考过程：你是怎么思考的？走到哪一步？

◆ 实际困难：卡在哪里？是不理解，还是不会做？

◆ 具体任务：你希望DeepSeek帮你完成什么样的任务。

注：以上内容不必全部使用，以能清晰地表达自己的意图为准！

比如上传题目后，提问：

> ✗ "这道物理题好难……"
>
> ☑ "这是人教版物理九年级第三章运动和力的习题，关于自由落体运动。我知道初速度 $v_0=0$，可以用公式 $v=v_0+gt$ 来计算，但不确定在计算下落时间时是否需要考虑空气阻力的影响。"

原来这样说，DeepSeek 就能更容易理解我的问题！

2.学会提问的艺术

那如果我不知道该怎么问呢？

这个问题问得好！

  其实遇到这种情况，你可以直接问DeepSeek："我应该怎么提问才能表达得更清楚？"或者"你觉得还有哪些角度可以思考这个问题？"

  是的，当你不知道怎么问的时候，DeepSeek可以成为你的提问导师。

◆ 我该从哪些方面理解这个知识点？

◆ 对于这道题，有什么更好的思考角度吗？

◆ 你能给我一些更有深度的提问建议吗？

◆ 怎样提问才能更好地理解这个概念？

比如在学习"光的折射"时：

学生提问：

我是一名初二的学生，光的折射这个知识点我有点乱，但我不知道该问什么……请你给我一些提问的思路。

DeepSeek回答：

好的，当你对光的折射知识点感到困惑但不知从何问起时，可以尝试以下提问思路，帮助你梳理知识漏洞。

现象理解

为什么水中的筷子看起来是弯的？

为什么站在岸边觉得池水比实际浅？

概念区分

折射和反射有什么不同？（比如光碰到水面时，哪部分反射，哪部分折射）

"入射角"和"折射角"是哪个角？用图怎么画？

规律应用

光从空气→水，是向法线偏折还是远离法线?

如果光从玻璃（$n=1.5$）射入空气，入射角为40°，能折射吗? 为什么?

公式关键点

折射率n越大，光速是变快还是变慢?

如果$n_1 sin \theta_1 = n_2 sin \theta_2$，当 $n_1 > n_2$时，折射角会比入射角大吗?

生活联想

放大镜、眼镜的镜片为什么能聚光或散光?

彩虹的形成和折射有关吗?

通过这些问题，你可以定位自己具体卡在哪个环节（概念、公式、应用等），然后再有针对性地向老师或同学提问哦。

哇! 原来可以这样问! 感觉思路一下子就打开了!

3.建立知识地图

学习不是单一路径的，而是一张丰富的知识地图。DeepSeek最强大的功能之一，就是帮你构建知识地图。

知识地图是什么？

想象一下，每个知识点都是地图上的一个城市，它们之间有着各种各样的连接。

可以按照下面的提问方式让DeepSeek帮你搭建知识地图。

◆ 向上延伸：这个知识点是从哪些基础概念发展而来的？

◆ 横向拓展：有哪些相关的知识点？它们之间的关系是什么？

◆ 向下深入：这个知识会引申出哪些新概念？

◆ 实践应用：哪些领域会用到这些知识？

比如学习"全等三角形"这个概念时：

学生提问：

我初二了，DeepSeek你能帮我梳理一下全等三角形的知识框架吗？

DeepSeek回答：

好的！全等三角形是初中几何的核心内容，掌握它的知识框架对解题至关重要。以下是为你梳理的全等三角形知识框架，分为基础概念、判定定理、性质应用、易错点四部分，帮你快速理清思路。

全等三角形的定义：关键词……符号……本质……

全等三角形的判定定理：口诀……判定方法……常见陷阱……

全等三角形的性质应用：证明边/角相等……求长度或角度……构造辅助线……实际应用……

易错点与解题技巧：对应关系错误……混淆判定条件……隐藏条件挖掘……

典型中考题链接（思路分析）：题目……解题步骤……

学习建议：画图标条件……总结模型……逆向思维……

扫码查看
DeepSeek 完整回答

提示：AI每次创作都独一无二，欢迎你亲自体验，获得专属于你的精彩回答！

4.设计学习闭环

为什么有时候学了很久，感觉还是没有进步？

可能是因为缺少了完整的学习闭环。

一个好的学习闭环包含以下几个方面。

◆ 目标设定：明确的、可衡量的学习目标。

◆ 过程追踪：学习进展的实时记录。

◆ 效果检验：阶段性的学习评估。

◆ 及时调整：基于反馈的策略优化。

来看DeepSeek设计的学习闭环：

学生提问：

我六年级了，想提高数学成绩，但不知道从哪里开始……请你给我一些思路。

DeepSeek回答：

提高数学成绩需要系统的方法、坚持和努力。作为六年级学生，你可以按照以下步骤逐步提升，我为你整理了一个清晰的行动框架：

一、诊断问题（1~2周）……

二、基础巩固计划（每天20分钟）……

三、专题突破策略（每周攻克1个模块）……

四、高效学习法（贯穿全程）……

五、阶段性检测（每月1次）……

扫码查看
DeepSeek 完整回答

提示：AI每次创作都独一无二，欢迎你亲自体验，获得专属于你的精彩回答！

就像打游戏时的任务系统！

没错，而且每完成一个小目标，都是一次进步的证明。

5.培养学习反思

有时候做对了题，但总觉得下次遇到类似的还是不会……

这就需要学会反思。DeepSeek不只是帮你解题，更重要的是引导你思考。

◆ 方法反思：这个问题还有其他解法吗？

◆ 过程反思：哪些步骤是关键的？为什么？

◆ 错误反思：我的思维盲点在哪里？

◆ 举一反三：类似的问题还有哪些？

请看，下面的DeepSeek问答示例。

学生提问：

这道题我做对了，但不知道为什么这么做，怎么办？

DeepSeek回答：

首先，恭喜你做对了题目！这说明你已经掌握了相关的知识点，只是可能对解题思路的认识还不够清晰。接下来，你可以这样做：

1.回顾题目：重新看一遍题目，确保你理解每一个条件和要求。

2.分析解题步骤：把解题过程一步步写下来，看看每一步是怎么推导出来的。

3.理解每一步的原理：思考每一步为什么这样做，背后的数学原理是什么。如果不清楚，可以查阅课本或向老师、同学请教。

4.寻找类似题目：找一些类似的题目练习，巩固你的理解。

5.总结方法：把这类题目的解题思路总结出来，形成自己的解题方法。

通过这些步骤，你不仅能知道怎么做，还能理解为什么这么做，这对你以后的学习会很有帮助！

原来复习不是简单地看答案！

对，真正的进步来自理解和思考。

【小D和小K的贴心提示】

① 好工具也需要正确的使用方法。

② 循序渐进，找到自己的节奏，不必一次求全。

③ 最有效的学习往往是有计划的。

④ 真正的进步来自思考和反思。

⑤ 保持耐心和信心，享受学习的过程。

⑥ 让每一次提问都变成成长的契机。

1.2 打造最强人机学习组合

哎呀！为什么有时候 DeepSeek 的回答特别棒，有时候又不太明白我想问什么呢？

我知道你的困惑。其实啊，和 DeepSeek 聊天也是一门艺术呢。

艺术？

对啊！就像和新朋友说话一样，了解它的"性格"，找到合适的沟通方式，慢慢就能变得越来越默契啦！

  和AI助手对话，不只是简单地问问题、得答案。掌握正确的方法，你就能获得更优质的回应，建立起高效的学习互动。下面让我们一起来学习和DeepSeek高质量合作的小技巧吧！

1.2.1 DeepSeek能帮你什么，不能帮你什么

DeepSeek这么厉害！作业难题、知识扩展、学习方法，感觉什么都能问它！

等等，米米，在你开始痛快地提问之前，我们得先聊聊一个重要的话题……

　　没错，在开始使用DeepSeek之前，我们确实需要先了解它的能力边界。就像每个人都有所长，也有所短一样，DeepSeek也不例外。让我们实事求是地来看看它能帮我们什么，不能帮我们什么。

DeepSeek的能力地图

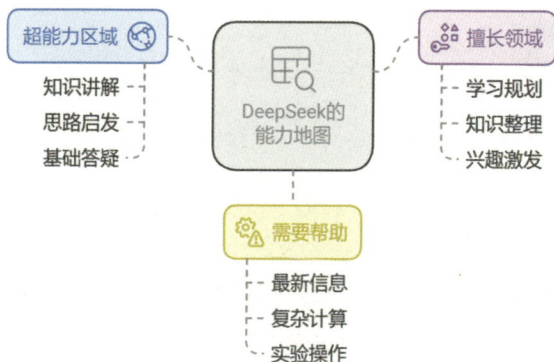

超能力区域 🌐
- 知识讲解
- 思路启发
- 基础答疑

DeepSeek的能力地图

擅长领域 🎲
- 学习规划
- 知识整理
- 兴趣激发

需要帮助 ⚙️⚠️
- 最新信息
- 复杂计算
- 实验操作

所以，我们得搞清楚 DeepSeek 是学习助手，不是万能钥匙。

那我应该怎么用它呢？

下面让我们来看看正确的使用方式和错误的示范。

1.提问前，先思考

◆ 这个问题我思考过吗？

◆ 我需要什么样的帮助？

◆ 我打算如何运用答案？

2.得到答案后，要验证

◆ 这个解释我听懂了吗？

◆ 需要进一步提问吗？

◆ 我能实际运用吗？

来，让我们看个提问的例子。

错误示范："帮我做完这套物理题。"

正确示范："这道题我想到要用动能定理，但不确定要不要考虑初速度，能指点一下思路吗？"

看出区别了吗？正确示范的方式显示了你的思考，也更容易得到有针对性的帮助。

使用建议速查表	
可以这样做 ✓	不要这样做 ✗
请教解题思路	直接要答案
验证自己的想法	完全依赖AI
拓展知识面	放弃思考
整理知识点	照搬结论

记住，你才是学习的主人，DeepSeek 最大的作用是帮助你学会思考，而不是替你思考。

明白啦！ DeepSeek 就是我的学习小帮手，而不是来替我读书的！

谢谢你们！这下我知道怎么和 DeepSeek 做好朋友啦！

哇！看来我们的"AI 使用小课堂"很成功嘛！

【 小D和小K的贴心提示 】

善用AI有三条基本的原则。

① 先独立思考，再寻求帮助。

② 带着问题学，学完立即用。

③ 验证很重要，动手很关键。

你看，当我们理解了DeepSeek的能力边界，就能更好地利用它来提升学习效果。它就像一位随时在线的学习助手，只要我们正确使用，它就能帮助我们在学习道路上走得更远。

1.2.2 学霸都是这样和DeepSeek聊天的

今天班里成绩最好的小明说他也在用DeepSeek辅助学习。

对哦！不如我们来看看学霸是怎么和DeepSeek对话的吧！

其实，高效运用DeepSeek的秘诀，就在于懂得如何开展有价值的对话。就像爬楼梯一样，每一步都要站稳，才能登得更高。下面让我们一起来学习那些"对话高手"的秘诀，也就是与DeepSeek高效对话的三个层次吧。

1.了解基础

目标：解决"是什么"的问题。

提问示例：

◆ 鸦片战争的起因是什么，发生在哪个时期？（历史）

◆ 杠杆的力、支点和作用点三要素是什么关系？（物理）

2.深入探究

目标：解决"为什么"的问题。

提问示例：

◆ 为什么说鸦片战争标志着中国近代史的开端？这和当时的社会变革有什么联系？（历史）

◆ 为什么改变支点位置能改变省力效果？这和力臂的关系是什么？（物理）

3.实践应用

目标：解决"怎么用"的问题。

提问示例：

◆ 从鸦片战争中，我们能总结出哪些经验教训？对当今社会有什么启示？（历史）

◆ 设计跷跷板时，如何利用杠杆原理让两个不同体重的小朋友玩得开心？（物理）

原来如此！
不是随便问问题，而是要有层次地提问。

以上三个层次就像解数学题，要一步一步来，每一步都要弄明白。

没错，高效对话的关键不在于问得多，而在于问得好、记得住、用得上。

【 小D和小K的贴心提示 】

① 每次对话前，先想清楚学习目标。

② 获得答案后，及时总结记录。

③ 学会把新知识和已有知识连接起来。

④ 培养自己独立思考和解决问题的能力才是关键。

⑤ 把每次对话都变成提升自己的机会。

1.2.3 让对话更有趣：完美提问小技巧

你是不是有时觉得和AI对话会很枯燥，或者总是得到千篇一律的回答呢？

今天我问 DeepSeek 题目，它讲了半天我都听不懂……

那是因为你还没掌握有趣的提问方法！问题就像钥匙，不同的提问方式能打开不同的知识宝库哦！

让我们一起来学习如何让对话变得更有趣，也更有效吧！

1.趣味提问的三个层次

● 基础转化：把简单问题变有趣

◆ 概念转场景

比起问"牛顿三定律是什么"，不妨这样问："如果我在太空站里踢一个足球，会发生什么有趣的现象？"

◆ 原理转比喻

不要直接问"光合作用的过程"，而是问："为什么森林被称为地球的肺，植物是怎么帮地球呼吸的？"

● 知识探索：让学习更生动

◆ 故事化探索

把抽象概念变成故事："能用一个超级英雄的故事，来解释能量转换吗？"

◆ 游戏化思考

把难题变成游戏："让我们来当数学侦探，找出这道应用题中的关键线索……"

● 深度连接：建立知识网络

◆ 学科交叉

寻找知识间的联系："历史上的科学发明和艺术发展有什么有趣的联系？"

◆ 实践应用

把知识连接到生活："这个物理原理在我们的日常生活中，会在哪里遇到呢？"

原来可以这样问啊！我明白为什么之前总觉得学习很无聊了。

2.让对话更有温度

　　DeepSeek不仅是知识的传递者，也是学习路上的伙伴。适当表达自己的困惑及分享自己的发现，能让对话更有温度。

　　表达困惑时：这个概念让我很困惑，但我真的很想搞懂它。

　　分享发现时：这个现象太神奇了！能详细解释一下背后的原理吗？

※ Look！米米这样做

米米最近在学习"地球自转"这个知识点。她没有直接问概念，而是这样提问："假设我是一个住在地球上的小蚂蚁，我能感觉到地球在转吗？"

通过这样的对话，她不仅理解了知识，还发现了许多有趣的科学现象！

提问创意三维力		
能力维度	小D支招	小K提醒
想象力	加入有趣的想象	有趣不等于肤浅
实践力	联系生活实际	创意源于思考
表达力	表达真实感受	互动重在真诚

当我们用创意的方式提问时，不仅是在学习知识，也在培养思考能力。让每一次和DeepSeek的对话都成为一次充满趣味的探索之旅。当学习变得有趣，知识自然就会主动走进我们的大脑。

太棒了！我要把这些方法都试试看！

别着急，先选一个最感兴趣的方法尝试吧。记住，学习新方法也要循序渐进哦。

对！就像玩游戏要一关一关过一样，慢慢来，你一定能成为提问高手！

【小D和小K的温馨提示】

① 好问题的标准不是形式多花哨，而是能否激发思考和理解。

② 创意和严谨并不冲突，有趣的提问往往能带来更深刻的理解。

1.2.4 让DeepSeek变成你的专属学习伙伴

瞧瞧我的学习笔记本！
我把每次和 DeepSeek 聊天的方式
和效果都记在这里了。

原来你已经发现了诀窍 ——
不是它记住了你，而是你找到
了最适合自己的提问方式！

想让DeepSeek变成你的专属学习伙伴，需要创建自己的风格并与
DeepSeek建立专属默契。

● 创建自己的风格

找到自己喜欢的提问方式。

◆ 米米喜欢用比喻，经常问"这个概念就像什么呢？"

◆ 小K喜欢追根究底，经常问"为什么会这样呢？"

选择最容易理解的表达方式。

◆ 有人喜欢通过故事学习。

◆ 有人更爱图表解释。

◆ 有人偏好步骤分解。

每次学习物理，米米都会让DeepSeek用故事和生活场景来解释。
例如，学习"惯性"时："想象一下，你在公交车上站着，车突然刹
车，你会往前倾。这就是惯性……"

● 建立专属默契

告诉DeepSeek你的特点。

◆ 你最感兴趣的话题。

◆ 你当前的知识水平。

◆ 你想要达成的目标。

培养独特的互动方式。

◆ 用固定的开场白。

◆ 设置喜欢的讲解方式。

◆ 养成记笔记的习惯。

例如，"我现在是初二的学生，特别喜欢天文，但对数学公式还不太懂。希望能先了解基础的星空知识，再慢慢学习行星运动的计算。"

※ Look！米米这样做 ● ● ●

现在米米和DeepSeek聊天都会这样做：

① 先想想要问什么。

② 记录特别好的提问。

③ 把自己平时的疑问记录下来，逐一提问解决。

就像游戏角色升级一样，每次互动都让你们的默契值 +1！记住啦，DeepSeek 不只是工具，更是你的专属学习伙伴哦！

【小D和小K的温馨提示】

① 坚持记录每次对话的收获。

② 大胆表达你的想法和疑惑。

③ 对每次交流都充满期待。

第 2 章

点燃你的学习动力

2.1 突破学习的心理障碍

太好了，现在我知道怎么和 DeepSeek 聊天了！唔……这道几何题好难啊。要不要问问 DeepSeek？可是……感觉自己太笨了，连这么简单的题都不会……

哎呀，我可太懂啦！我以前也总这样想，明明是个小问题，偏偏在那儿纠结半天，觉得"哎呀，别人都会，就我不行"。

喂喂喂~这可不行！什么叫简单的题啊？每个人都是从不会到会的好吗！我之前上课都不敢问问题，现在想想，自己当时在害怕啥呢！

　　在学习的过程中，我们常常会遇到各种心理困扰：觉得自己不够聪明、害怕失败、对自己没信心……这些都是成长路上再普通不过的小绊脚石。一起来学习如何跨越这些障碍，让学习变得轻松自在吧！

2.1.1 学习压力大，试试这些小方法

啊～又是周测，我感觉快喘不过气来了！

唔……
压力大的时候，我们要先想想它到底从哪里来？是怕考不好，还是追不上同学的进度呢？

对！就像打游戏要先找到 boss 在哪儿一样，得先知道是什么卡住你了！

其实，我们的学习压力常常来自以下这些方面。

◆ 害怕考试成绩不理想。

◆ 觉得跟不上同学进度。

◆ 担心辜负父母的期望。

◆ 对自己要求太高。

找到自己的压力源后，我们来试试下面这个方法。

※ "压力小日记" 翻转法

写下最近的烦恼→找出积极面→制定小目标。

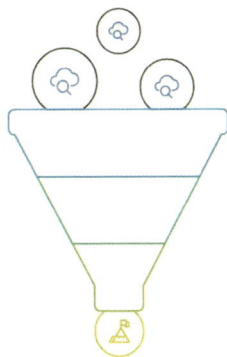

识别烦恼

找到积极面

制定小目标

烦恼：英语听力特别差，是不是没有语言天赋啊……

积极面：至少敢去听了，比之前有进步！

小目标：每天听10分钟的英文材料。

哎呀，有时候没有好的想法怎么办？

这时候，就让我们来帮你啦！

我们来合体变身DeepSeek，专业解忧的！

※ Look！米米这样做

米米提问：DeepSeek，我最近总觉得自己学习效率好低，是不是我不够努力啊？

DeepSeek回答：哎呀，感觉你有点焦虑呢！其实学习效率低不一定是因为不够努力哦，可能是因为方法不太对，或者状态没调整好。别太自责啦，咱们一起来看看有什么办法可以帮你提高效率吧……

扫码查看
DeepSeek 完整回答

提示：AI每次创作都独一无二，欢迎你亲自体验，获得专属于你的精彩回答！

哎呀，我还知道一个更管用的方法，那就是请 DeepSeek 当"压力分解师"！

是的，当感觉压力特别大时，可以这样来和 DeepSeek 聊天。

※ 压力分解师

米米提问：DeepSeek，下周要期中考试了，我好紧张，感觉要复习的内容好多啊……

DeepSeek回答：哎呀，期中考试确实让人有点紧张呢！不过别担心，复习内容多也没关系，咱们可以一步一步来，把任务分解一下，这样就不会觉得压力太大啦……

米米提问：数学……特别是几何证明题。

DeepSeek回答：几何证明题确实有点让人头疼，不过别担心！只要掌握了方法，慢慢来，你会发现它其实也没那么难。我们可以从几个方面入手，帮你更好地复习几何证明题……

扫码查看
DeepSeek 完整回答

提示：AI每次创作都独一无二，欢迎你亲自体验，获得专属于你的精彩回答！

这样就不会觉得无从下手了！把大大的压力变成小小的任务，就不可怕啦！

其实吧，缓解压力就像跳绳，找对节奏，反而能让你跳得更好哦！

【小D和小K的温馨提示】

① 学习压力人人都有，关键是找到压力的源头。

② 试着用积极的眼光看问题。

③ 遇到想不通的事，随时找DeepSeek聊聊天！

2.1.2 和DeepSeek一起练习，交朋友不再害羞

我又有了新问题……
班上来了个新同学，我想和他做朋友，可是……一想到要主动去打招呼，就紧张得说不出话。

唔……这种感觉我明白，你已经做好了结交新朋友的准备，却担心自己第一步会不会走错。其实每个人都经历过这样的时刻，重要的是找到适合自己的节奏。

其实，很多同学都和米米一样，在社交场合会感到不自在。也许你也有过下面这样的情况。

◆ 想和同学聊天，却不知道该说什么。

◆ 担心自己说错话被嘲笑。

◆ 看到心仪的朋友，总觉得自己不够好。

◆ 害怕被别人拒绝。

如果你想避免这些情况，那就不妨试一试下面的方法吧！

※ 社交锻炼小绳梯 ● ● ●

要克服社交焦虑，我们可以像爬绳梯一样，一步一步来。

◆ **第一步：先从最熟悉的人开始**

① 主动和爸爸妈妈分享今天的趣事。

② 主动和同桌聊聊作业。

◆ **第二步：尝试和不太熟的同学互动**

① 借支笔说声谢谢。

② 夸夸别人新发型很好看。

可是……
万一我说错话怎么办？

啊！这时候就让
DeepSeek 来帮你
练习对话吧！

找个安静的地方，和DeepSeek来场友好的对话：

米米提问：DeepSeek，我想和新同学做朋友，但不知道怎么开始……

DeepSeek回答：想和新同学做朋友是很棒的想法！其实很多人刚开始都会有点紧张，这是很正常的。以下是一些温和的建议，希望能帮到你……

米米提问：你能陪我一起练习一下吗？

DeepSeek回答：当然可以！我很乐意陪你一起练习。我们可以模拟一些场景，帮助你更好地准备与新同学的互动。你可以告诉我你想练习哪种情境，比如……

米米提问：寻找共同话题的场景吧！

DeepSeek回答：太好了！寻找共同话题是建立友谊的一个非常有效的方式。我们可以模拟一个场景，比如你在教室里看到一位新同学正在看一本你感兴趣的书，或者穿着你喜欢的乐队T恤。你可以尝试开启对话，我会扮演新同学的角色，陪你一起练习……

扫码查看
DeepSeek 完整回答

提示：AI每次创作都独一无二，欢迎你亲自体验，获得专属于你的精彩回答！

哇！感觉没那么可怕了！

【小D和小K的温馨提示】

① 社交焦虑是很常见的，不必感到孤单。

② 准备几个简单的话题，让对话更自然。

③ 从小目标开始，慢慢培养信心。

④ 多关注对方，但不用刻意讨好。

⑤ 交朋友是为了让生活更精彩，而不是失去自我。

⑥ 真诚的友谊应该让双方都成长，而不是改变本真的自己。

⑦ 随时都可以和DeepSeek练习，找到最自在的相处方式。

2.1.3 成长路上有疑惑？来问问DeepSeek

除了学习和交朋友，我还有好多想弄明白的事情……比如，我到底适合做什么？将来能做什么？现在该怎么准备？

成长中的疑惑，就像夜空中若隐若现的星星，看似遥远，却与我们的未来紧密相连。有些问题，需要一个伙伴来引导我们思考。

其实，和DeepSeek对话最珍贵的，是它能像一面智慧的镜子，帮我们看清自己的困惑，找到适合的解决方向。有时候，我们需要的不是答案，而是理清思路的过程。

1.思考维度

成长路上的困惑往往不是单一的问题，而是需要多角度思考的。我们可以从下面这三个维度来思考问题，帮助自己逐步找到属于自己的成长答案。

维度	问题1	问题2	问题3
自我认知层面	我真的了解自己吗	我的优势在哪里	为什么我总是……
能力发展层面	如何培养核心竞争力	怎样提升学习效率	如何激发我的创造力
规划设计层面	短期目标制定	长期发展路径	时间管理优化

2.表达准度

你发现了吗？
和 DeepSeek 对话越多，就越清楚自己想要什么！

确实，当我们学会提出更好的问题，思路也会变得更加清晰。

● **明确表达你的困惑**

◆ 不要说："我想学编程。"

◆ 要说："我是初中生，对编程感兴趣，想知道适合我现在开始学习的编程语言和学习路径。"

● **告诉DeepSeek你的具体情况**

◆ 不要说："我想提高成绩。"

◆ 要说："我数学基础不太好，尤其是几何证明题常常不会做，希望知道有什么针对性的学习方法。"

● **从被动到主动的思考转变**

◆ 从"我要不要学编程"到"我通过学习编程能实现什么"。

◆ 从"我想提高成绩"到"我想掌握什么样的学习方法"。

◆ 从"我该选什么兴趣班"到"这个活动能给我带来什么收获"。

啊！原来这样问答更有效果！

3.覆盖广度

生活中的大小疑问，都可以和DeepSeek商量，如下表所示。

学习提升类	兴趣培养类	能力发展类
学科难点突破	爱好探索指引	时间管理技巧
学习方法改进	特长发展规划	专注力训练方法
考试技巧指导	课外活动建议	表达能力提升

DeepSeek 是你的助手，但最终的选择和决定要你自己做。就像登山，向导可以指路，但脚步终究要自己迈出。

对啦！和 DeepSeek 聊天最棒的是，它不会嫌你问题太多，也不会觉得你的问题太傻。它就像一面镜子，帮你看清自己的想法，找到成长的方向！

【小D和小K的温馨贴士】

① 成长的过程中，有困惑是很自然的事。

② DeepSeek会为你解惑，问题越具体，得到的建议越适合你。

③ 多问"为什么"和"怎么做"，而不是"是不是"。

④ 把DeepSeek的建议记下来，实践后再来讨论效果。

⑤ 答案不止一个，找到适合自己的才最重要。

⑥ 虽然DeepSeek能帮我们解答困惑，但别忘了和家人朋友分享你的想法。那些真诚的对话和温暖的拥抱，才是成长路上最珍贵的陪伴。

2.1.4 建立自信心，学习更轻松

每个人的学习旅程都不会一帆风顺，米米最近就经常感到困扰。面对新学期的数学难题，她总是不自觉地否定自己"这个我肯定学不会"。准备英语演讲时，还没开始就担心"我一定会说错的"。产生这些困扰，往往不是能力的局限，而是自信心的缺失在影响着我们。

这个我肯定学不会～

许多研究都表明，学习自信心与学习效果之间存在显著的正相关。当我们对自己持有积极的期待时，更容易进入专注和高效的学习状态。相反，缺乏自信心会让学习变得事倍功半。

1.认识不一样的自己

米米提问：DeepSeek，我感觉自己什么都学不好……

DeepSeek回答：

我能理解你的感受，有时候我们都会遇到这样的时刻，觉得自己好像什么都做不好。其实，这种感觉并不意味着你真的不行，可能只是你对自己要求太高，或者暂时还没有找到适合自己的学习方法。

每个人都有自己的节奏，学习本身就是一个不断试错和调整的过程。你可以试着放慢脚步，给自己一些时间去探索和适应。以下几点建议或许对你有帮助……

扫码查看
DeepSeek 完整回答

提示：AI每次创作都独一无二，欢迎你亲自体验，获得专属于你的精彩回答！

通过与DeepSeek的对话，米米慢慢明白每一个人都是独一无二的，要建立自己的学习自信需要做到以下几点。

◆ 分解目标，逐步完成：将困难的大目标拆解成小任务。

◆ 接受不完美，拥抱成长：犯错是学习的一部分，重要的是从错误中吸取教训，而不是因此否定自己。

◆ 找到兴趣，激发动力：如果自己对某个领域特别感兴趣，不妨从那里开始，因为兴趣是最好的老师。

◆ 寻求支持，拓宽视野：不要害怕向他人求助，他们可能会有新的视角和建议，帮助你突破困境。

◆ 自我肯定，积累信心：每天给自己一些积极的肯定，这能让你更有信心面对下一步的挑战。例如，"我今天比昨天进步了一点"或者"我在努力，这就很棒了"。

2.寻找行动的方向

接着，我们还可以继续与DeepSeek交流，寻找自己行动的方向。例如，"我要如何分解自己的……大目标呢""我要怎样向别人求助……呢"。

随着行动的方向越来越清晰，行动的节奏越来越稳健，你会发现自己的能力也在慢慢提高，也会越来越有信心了。

> 其实，真正的学习自信不是从来不犯错，而是相信自己有能力一次次改进、提升，就像你现在做的这样。

米米若有所思地点点头。她想起前几天因为一道数学题困扰了很久，但在DeepSeek的引导下，她最终不仅解出了那道题，还总结出了解题方法。

【小D和小K的温馨贴士】

① 和DeepSeek对话时，说出你的困惑，但别忘了也说说你的努力。

② 把每次的小进步都记录下来，这些都是建立自信的基石。

③ 遇到困难时，试着问问"怎么做"，而不是否定说"我不行"。

④ 每个人都有属于自己的学习节奏，跟自己比才最重要。

2.2 激发学习的核心动力

啊！又要开始学习了……学习好像是一件超级麻烦的事。

那是因为你还没找到学习的"动力键"呢！

动力键？那是什么？

就像玩游戏时的能量条，有了能量，才能闯关升级！

学习也是这样，当我们找到正确的动力，学习就会变得不一样。

在这一节，我们就要和米米一起找到这个神奇的"动力键"！你会发现：

◆ 原来每个人都能成为优秀的学生。

◆ 学习也可以变得很有趣。

◆ 当你爱上学习，一切都会不一样。

准备好了吗？让我们开始这段神奇的旅程吧！

2.2.1 每个人都能成为优秀的学生

完了完了，数学考试又没考好……
感觉班里其他同学都好厉害，为什么我总是跟不上呢？

来，让我们找找最新的学习方法吧！现在有好多超棒的学习工具，肯定能帮你提高成绩的！

米米，先别着急，我们先来思考一个问题：什么样的学生才算是优秀呢？

什么是真正的"优秀"？这个问题困扰着许多学生。有人认为优秀就是考高分，有人觉得优秀就是样样都比别人强。但实际上，这些都是对"优秀"的误解。

让我们请教 DeepSeek 吧！

米米提问：我是一名初中一年级的学生，我想问一问什么是真正的优秀？什么样的学生才算是优秀呢？

DeepSeek回答：

同学你好！你能在初中一年级就开始思考"什么是真正的优秀"这个问题，本身就是一种非常可贵的品质。关于优秀的标准，其实就像彩虹一样丰富多彩，老师想从几个角度和你聊聊我的理解：

优秀是成长型思维，真正的优秀不是永远满分，而是像竹子一样持续成长。比如……

优秀是立体多面的，就像钻石有57个切面才会闪耀，优秀也有不同维度……

优秀是独特的自我实现，不要活成别人的复印件，要成为自己的原创作品……

优秀是温暖的生命状态，那些被同学铭记的"优秀"，往往……

成长建议清单……

最后送你一段话：生命的价值不在于获得多少奖章，而在于为世界增添了多少光芒。优秀不是终点站，而是带着好奇心、同理心和恒心，在成长路上欣赏风景的过程。你已经踏上了寻找优秀的旅程，这本身就已经是优秀的开始啦！

注意：AI生成的具体数值数据和名言引用都需要二次验证，以确定是真实的而非AI虚构的。

扫码查看
DeepSeek 完整回答

提示：AI每次创作都独一无二，欢迎你亲自体验，获得专属于你的精彩回答！

哇！这太酷了！就像我们玩的游戏一样，每个角色都有自己的特长！

说得对，比如有的同学数学思维好，有的同学文字表达强，有的同学手工制作厉害，这些都是优秀的表现。

那为什么我付出那么多努力，还是没有明显的进步呢？

让我们换个角度想想，如果把学习比作爬山，重要的不是谁已经到了多高的位置，而是你是否在持续向上攀登。

对啊！就像游戏升级一样，每个人都有自己的升级路径！

是的，每个人都能成为优秀的学生，关键在于：

◆ 建立成长型思维：相信自己通过努力可以变得更好，当下的表现不代表未来的可能。

◆ 找准自己的学习节奏：每个人都有独特的学习方式，要学会发现并发挥自己的优势。

◆ 善用工具提高效率：合理利用现代化的学习工具，让学习变得更有效率。

◆ 保持持续学习的热情：真正的优秀是保持学习的热情，而不是一时的成绩。

原来是这样！所以我不需要和别人比较，而是要关注自己的进步？

没错，优秀不是终点，而是一个持续成长的过程。

而且现在有这么多好用的学习工具，我们可以用科技来帮助自己更好地学习！

我明白了！原来我一直都在用错误的标准要求自己。

【小D和小K的温馨提示】

① 优秀的定义因人而异。

② 当下的表现不代表未来的可能。

③ 进步比起点更重要。

④ 找到适合自己的学习方式。

⑤ 善用工具，保持热情。

2.2.2 从被迫学习到爱上学习

怎么啦？

又要背书了……

总觉得学习就是完成任务，背完这个还有那个，做完这份作业还有下一份……

学习，对很多同学来说，就像一场没完没了的任务。为什么会这样呢？原因往往在于我们把学习当成了一种外在要求，而不是内在需求。

当学习仅仅是为了应付考试、完成作业，或者满足他人的期待时，它就会变成一种负担。但学习的本质，其实是认识世界、发展自己的奇妙过程。就像小时候第一次认识蚂蚁，第一次看到彩虹时的那种好奇和兴奋。我们这种对知识的渴望一直都在，只是被一些表面的目标遮盖了。

1.爱上学习有方法

怎样才能让自己爱上学习呢？

我们来问问 DeepSeek 吧！它一定有很好的办法！

米米提问：我是一名初一的学生，为什么我总是提不起学习的劲？要怎么做才能喜欢上学习呢？

DeepSeek回答：

作为初一学生，缺乏学习动力是常见的问题，但通过调整方法和心态，你可以逐渐找到学习的乐趣。以下是一些具体建议，分步骤帮助你重拾动力：

一、理解动力缺失的原因

缺乏兴趣：课本内容枯燥……

压力过大：作业、考试带来的焦虑感……

目标模糊：长期目标（如考大学）太遥远……

环境因素：同伴比较、家长催促导致逆反情绪……

二、逐步找回动力的方法

从兴趣入手，建立知识与生活的联系……

设定可实现的短期目标……

优化学习方式，减少枯燥感……

管理时间和精力……

调整心态，接纳自我……

寻求外部支持……

三、长期动力：找到学习的意义

探索未来可能……

培养成长型思维……

四、案例参考

总结

改变需要时间和耐心，不妨从今天开始尝试1~2个小方法（如设定微目标、看科普视频），逐步调整。记住，学习的最终目的不是分数，而是获取解决问题的能力。当你发现自己能解释一个现象、解决一个实际问题时，成就感自然会转化为动力。

扫码查看
DeepSeek 完整回答

提示：AI每次创作都独一无二，欢迎你亲自体验，获得专属于你的精彩回答！

2.主动出击有行动

哇！上面这些建议太棒了！

米米，你最喜欢什么科目呢？我们可以从一个科目开始。

其实我挺喜欢生物的，尤其是了解小动物的习性……

米米又接着问DeepSeek：我挺喜欢生物的，那我该如何把对动物的兴趣和学习结合起来呢？

DeepSeek回答：

把对动物的兴趣转化为学习动力是一个非常棒的方向！以下是一些具体的方法，帮助你从"喜欢动物"延伸到主动学习，甚至带动对其他学科的兴趣：

一、生物课内知识：用兴趣深化理解

课前主动探索：如果课本讲到某类动物（如昆虫、哺乳动物），提前查资料，比如……

用动物案例理解抽象概念：学"生态系统"时，自己画一个食物链，比如"草→蝗虫→麻雀→蛇→鹰"，并思考……

把作业变成"研究项目"：如果老师布置关于动物的作业，不要只写书本答案……

二、跨学科联动：用动物兴趣带动其他学科

语文：写观察日记，记录你观察的动物行为（如蚂蚁搬家），加入……；读动物主题文学作品，如《昆虫记》……

数学：统计小区鸟类的种类和数量……计算动物运动速度……

地理……英语……

三、动手实践：让兴趣"活"起来……

四、资源推荐：用兴趣拓展知识边界……

五、长期规划：让兴趣成为学习引擎……

六、遇到困难时如何坚持？……

总结

你不需要强迫自己"喜欢所有学科"，而是以动物为起点，像蜘蛛结网一样，把知识点串联起来。当你发现"数学能帮我分析动物的迁徙规律""英语能让我看懂国际研究论文"时，学习自然会变得有意义。记住：真正的兴趣不是"喜欢就够了"，而是"越了解，越热爱"。

扫码查看
DeepSeek 完整回答

提示：AI每次创作都独一无二，欢迎你亲自体验，获得专属于你的精彩回答！

这样学习好像真的会很有趣！

对啊！学习也可以这么酷！

记住，找到适合自己的方式才是最重要的。

让学习变得有趣，关键要做到以下几点。

◆ 发现学习和自己的联系。

◆ 创造快乐的学习方式。

◆ 享受知识探索的过程。

◆ 培养持续学习的习惯。

当我们不再把学习视为任务，而是看作探索世界的钥匙时，学习就会变成一件令人期待的事情。

【 小D和小K的温馨提示 】

① 学习可以很有趣。

② 从兴趣出发更容易坚持。

③ 个性化的学习方式更有效。

④ 主动学习收获更多。

2.2.3 发现学习的乐趣

米米，你最近学习状态不错啊！

嗯！我发现把动物知识编成故事真的很有意思！但是其他科目……

有没有想过，为什么编故事会让你觉得开心呢？

学习的乐趣，就像宝藏一样隐藏在学习过程中。有时是解开一道难题时的豁然开朗，有时是掌握新技能时获得的成就感，有时是和同学讨论时产生的灵感火花。要相信，每个人都能找到属于自己的学习乐趣。

1.找到学习的乐趣

要不我们问问 DeepSeek，看看还有什么有趣的学习方式？

嗯嗯，那我来试试！

米米提问：我是一名初一的学生，我想问一问除了和自己的兴趣结合，还有什么方法能让学习变得更有趣呢？

DeepSeek回答：

你的问题非常有意义！除了结合兴趣，还有多种方法可以让学习变得像探险一样有趣。下面这些策略你可以根据自己的特点尝试：

游戏化升级打怪法：知识解谜 —— 把数学题设计成密室逃脱线索，比如用方程解出密码才能打开"宝箱"……

跨界创意实验室：物理+艺术 —— 用颜料制作非牛顿流体，观察不同力度下的形态变化……

五感沉浸式学习：味觉记忆 —— 背化学元素周期表时，给每个主族元素搭配不同口味的糖果……

社交型知识网络：成立学科侦探社……

未来科技助手：用AI生成历史人物对话……

实践建议：每周尝试2~3种新方法……

记住，真正的学习高手都是"玩法设计师"。当你开始把知识世界当成游乐场，每个课本都能变成藏宝图，每次作业都是升级装备的机会。保持这种探索心态，你会发现自己慢慢变成了学习的"游戏王者"！

扫码查看
DeepSeek 完整回答

提示：AI每次创作都独一无二，欢迎你亲自体验，获得专属于你的精彩回答！

这些主意太棒了！我想试试……

等等，不妨再问问 DeepSeek，怎样能让这些方法持续下去？

对啊，我以前总是三分钟热度……

2.持续保持学习乐趣

米米继续提问：我有时会三分钟热度，请问我要如何保持学习的乐趣，让它不会半途而废呢？

DeepSeek回答：

你提出的"三分钟热度"问题特别有价值！其实这不是缺点，而是大脑在寻找真正值得投入的"知识宝藏"。试试这套"游戏化可持续学习系统"，让学习像追剧一样让人停不下来：

1.设计"上瘾式"目标系统：微任务成就池 —— 把大目标拆解成"15分钟可完成"的微任务……

2.建立"心流加油站"：动态难度调节 —— 准备"红黄蓝"三色题卡……

3.设置"防脱落机制"：复活卡系统 —— 允许每周有2次"学习暂停"，但要写"重启宣言"……

4.打造"持续兴奋回路"：跨界彩蛋植入 —— 在英语笔记里画"学科寻宝图"……

5.启动"大脑重启程序"：认知变形术 —— 每周选1天做"角色扮演学习"……

关键心法：当感到厌烦时，立即启动"10分钟实验模式"……

记住，学习续航不是靠毅力硬撑，而是像玩游戏一样 —— 每次快要失去兴趣时，系统就会自动给你投放新副本。

通过实践这些方法可以发现：当我们开始享受学习的过程时，知识的海洋要比想象中更加精彩。学习的乐趣，就在探索和发现的旅程中。

原来学习可以这么多样化！

方法虽多，但重要的是找到适合你自己的方式！

是的，我要勇于尝试，找到适合自己的学习方式并坚持下去！

【小D和小K的温馨提示】

① 学习不只是完成任务。

② 过程本身就很有趣。

③ 每个人都能找到学习乐趣。

④ 坚持才能收获更多。

第 3 章

打造高效的学习习惯

3.1 掌握高效学习的密码

你有没有遇到过这样的情况：明明学习的时间不短，但效果却不尽如人意？或者每天都很忙，却总觉得什么都没完成？其实，这就说明我们需要掌握一些高效学习的"密码"了！

唉，最近感觉特别累。每天都在学习，可是好像什么都没学好……

让我猜猜，是不是经常学着学着就不知道自己要干什么，或者一会儿看看手机，一会儿发发呆？

对！小K你是怎么知道的？

因为这是很多学生都会遇到的问题！不过别担心，我们可以用一些超酷的方法来解决！

没错，高效学习就像解开一把密码锁，需要找对正确的密码。而这个密码，包含设定目标、时间管理和专注力提升三个关键要素。

3.1.1 设定目标：让学习更有方向

今天我要好好学习！

呃……就是……学习啊？

具体要学什么呢？

这就是问题所在啦！
目标太模糊，就像要导航而没有输入具体地址一样。

许多同学和米米一样，常常会遇到"目标模糊"的困扰。他们知道要学习，但不清楚具体要做什么。让我们来看看DeepSeek是怎么说的。

米米提问：我总是定不好学习目标，感觉每天都很忙，但却不知道自己到底有没有进步。请问要怎么设定一个好的学习目标呢？

DeepSeek回答：

设定学习目标确实是一个需要技巧的过程，以下是一些建议，可以帮助你制定更有效的学习目标：

1.明确具体的目标

具体化：目标要清晰明确，避免模糊。例如，不要只设定"提高英语水平"，而是具体到……

可衡量：确保目标可以量化或评估，例如……

2.设定可实现的目标

现实性：目标要符合你的实际情况，不要设定过高或过低的目标……

分阶段：将大目标分解为小目标。例如……

3.设定有时间限制的目标

……

扫码查看
DeepSeek 完整回答

提示：AI每次创作都独一无二，欢迎你亲自体验，获得专属于你的精彩回答！

原来，制定学习目标就像规划一次旅行，我们需要知道以下要点。

◆ 目的地在哪里（明确的目标）。

◆ 要走多远（可衡量的标准）。

◆ 能不能到达（切实可行性）。

◆ 为什么要去（与自己相关）。

◆ 什么时候出发（时间规划）。

米米提问：我重新来定一个目标，一个月内记忆英语单词量提高100个，每天早上7:00-7:30背20个单词，周末复习本周学过的单词。这个目标定得怎么样？

DeepSeek回答：

这个目标设定得非常不错！它符合有效目标设定的几个关键原则，以下是对你目标的详细分析：

目标制定

1. 具体性：你明确指出了要在一个月内提高100个单词量……

2. 可衡量性：通过每天背20个单词，一个月后你可以轻松计算出是否达到了……

3. 可实现性：每天背20个单词是一个合理且可实现的任务……

4. 时间限制：你设定了明确的时间框架（一个月），并且每天有固定的学习时间（早上7:00-7:30……）

5. 相关性：如果你的目标是提高英语水平，增加词汇量是非常重要的一步……

目标执行

6. 灵活性：虽然目标明确，但你也可以根据实际情况进行微调……

7. 奖励机制：你可以在每周或每月达成目标后给自己一些小的奖励……

8. 工具辅助：你可以使用一些背单词的应用程序……

进一步优化建议……

示例……

扫码查看
DeepSeek 完整回答

提示：AI每次创作都独一无二，欢迎你亲自体验，获得专属于你的精彩回答！

　　让我们来总结一下制定好的学习目标需要注意的要点，即"SMART目标设定法"的具体内容。

※ SMART 目标设定法 ● ● ●

◆ 具体明确（Specific）

把"我要学习"这样模糊的想法，变成"这周要背会20个英语单词"这样清晰的目标。

◆ 可以测量（Measurable）

设定具体的数字或标准，比如"每天做对8道数学题"而不是"多做数学题"。

◆ 能够实现（Achievable）

目标要符合自己现在的能力水平，循序渐进，不要定得太难。

◆ **实际相关（Relevant）**

目标要对自己的学习成长有帮助，要和自己的整体规划相符合。

◆ **有时间限制（Time-bound）**

给目标设定明确的完成时间，比如"这个月底前""下周五之前"等。

下面使用"SMART目标设定法"来对比分析不好的目标和好的目标的不同。

年级	不好的目标	好目标	分析
四年级	» 我要把语文学好 » 背更多古诗 » 提高数学成绩	这周内背诵《草》《秋思》这两首古诗，每天早读时间练习2遍，周五能完整背诵出来	» 具体明确：指定了具体古诗 » 可以测量：背诵完整程度 » 能够实现：两首短诗用一周时间背诵是合理的 » 实际相关：符合课程要求 » 有时间限制：一周期限
八年级	» 英语要考好 » 物理要及格 » 提高学习效率	下周三物理小测前，完成教材每节课后练习题，做错的题目记录在错题本上，每天晚上用30分钟复习一遍，目标是测验达到85分以上	» 具体明确：针对物理小测 » 可以测量：85分的具体分数 » 能够实现：每天30分钟是合理时间 » 实际相关：直接关系成绩 » 有时间限制：下周三前

有了这些方法，我感觉学习更有方向了！

记住，目标不是限制，而是指引，随时可以根据实际情况调整。

对啊！就像游戏里的任务指引，让我们知道下一步该做什么！

【 小D和小K的温馨提示 】

① 目标要具体可行，不要好高骛远。

② 时常回顾目标，及时作出调整。

③ 达成小目标后及时给自己鼓励。

④ 可以用DeepSeek帮助规划和检查目标。

⑤ 目标完成度不是衡量自我价值的唯一标准。

3.1.2 时间管理：安排好每一天

米米，你是不是经常觉得时间不够用?

又要熬夜了……明明我的计划都列好了，可是总是完不成……

对啊！而且常常计划了这个，但临时又冒出那个，结果都乱套了。

让我们问问 DeepSeek 如何科学管理时间吧!

1.时间管理

米米迫不及待地打开DeepSeek，问出了这个困扰自己很久的问题。

米米提问：我是一名初一的学生，现在我总是觉得时间不够用，计划好的事情常常完成不了，临时还会增加很多事情，我该怎么管理自己的时间呢?

DeepSeek回答：

首先，能意识到时间管理的重要性，说明你已经在思考如何提升自己了，这非常值得肯定！初一是一个过渡阶段，学业任务增加，生活节奏加快，确实容易让人感到时间不够用。不过别担心，时间管理是一项可以通过练习逐渐掌握的技能。以下是一些建议，希望能帮到你：

1. 明确优先级

列出任务清单：每天或每周开始时，列出你需要完成的任务，包括作业、课外活动等。

区分轻重缓急：使用"四象限法"来分类任务。

重要且紧急：优先完成，比如明天要交的作业。

重要但不紧急：制订计划逐步完成，比如复习计划。

紧急但不重要：尽量简化或委托他人，比如一些琐碎的事情。

不重要且不紧急：尽量减少或避免，比如过度的娱乐。

2. 制订合理计划（设定具体目标……，分配时间块……，留出缓冲时间……）

3. 避免拖延（分解大任务……，设定小奖励……）

4. 学会拒绝（合理拒绝……，沟通协调……）

5. 利用碎片时间……

6. 定期反思与调整……

7. 保持健康的生活习惯……

8. 寻求支持……

时间管理是一个不断调整和优化的过程，不要因为一时的挫折而气馁。相信通过不断练习和调整，你会逐渐找到适合自己的节奏，变得更加高效和从容。加油！

　　时间管理就像复原魔方，也需要技巧和方法。而我们学会管理自己时间的第一步，就是要学会区分事情的轻重缓急。下面来了解一下优先级时间管理法及其使用建议。

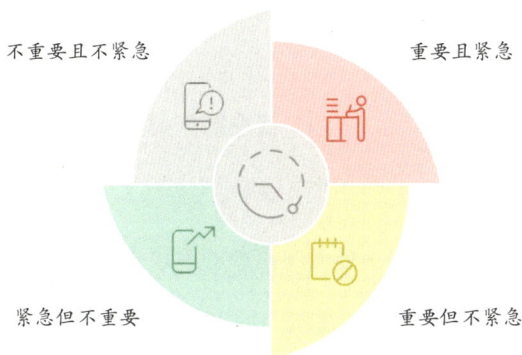

● **优先级时间管理法**

不重要且不紧急　　　　重要且紧急

紧急但不重要　　　　重要但不紧急

优先级	特点	事项示例	行动建议	处理方式
● 重要且紧急	必须马上处理 影响重大 有明确期限	明天要考试的复习 快到期的作业 生病就医	立即着手处理 集中精力完成 避免拖延	亲自处理 优先安排 不被打断
● 重要但不紧急	价值高 时间可控 助力长期发展	按计划预习新课 培养良好习惯 制订学习计划	提前规划时间 持续投入精力 定期检查进度	主动安排 固定时间段 循序渐进
● 紧急但不重要	需快速响应 价值较低 常为突发事件	临时被叫去帮忙 突发的社交活动 意外打扰	评估是否必要 学会婉拒 寻求他人协助	适当委托 简单处理 控制时间
○ 不重要且不紧急	无实质价值 容易消耗时间 易上瘾	刷短视频 漫无目的玩游戏 闲聊八卦	尽量避免 设置时间限制 用作适度放松	能推则推 严格管控 作为奖励

● **使用建议**

◆ 每天列出待办事项，按四个优先级分类。

◆ 先完成重要且紧急的事项（●）。

◆ 预留固定时间处理重要但不紧急的事项（●）。

◆ 学会对紧急但不重要的事项（●）说"不"。

◆ 控制不重要且不紧急事项（○）的时间占比。

这个优先级时间管理法真的很实用！就像给每件事贴上不同颜色的标签。

对啊，红色标签的事要先做，黄色的要规划好时间，绿色的可以寻求帮助，白色的要严格控制。

但是光知道轻重缓急还不够，要想真正管理好时间，我们还需要一些具体的执行技巧。

2.时间管理执行方法

在进行时间管理的过程中你可能会遇到很多问题，但不要自我纠结，找到合适的方法，不断提升自己管理时间和精力的能力，学习就会越来越高效。下面让我们一起来总结几个好用的时间管理执行方法吧！

● 时间块管理法

方法：将一天的时间分成若干块，每块时间专门用于完成特定任务。例如，8:00-9:00：做数学作业；9:00-10:00：复习英语；10:00-10:15：休息。

好处：避免任务之间的切换，能提高效率。

● 每天三件事

方法：每天开始时，列出三件最重要的事情，并优先完成这三件事。

好处：确保你每天都能完成最关键的任务，避免因琐事而分散注意力。

● 两分钟法则

方法：如果遇到一个任务可以在两分钟内完成，那就立即去做，不要拖延，比如整理书桌等。

好处：减少小任务的堆积，避免它们占用你的大脑空间。

● 任务分解法

方法：将大任务分解成多个小任务，逐步完成。例如，大任务（写一篇作文）→ 小任务（1. 确定主题 2. 列出大纲 3. 写开头 4. 写正文 5. 写结尾 6. 修改润色）。

好处：降低任务的难度和压力，让你更容易开始和坚持。

● 保持弹性

方法：计划不要排得太满，留出一些弹性时间应对突发情况。

好处：避免因为突发事件而打乱整个计划，保持灵活性。

● 定期回顾与调整

方法：每天或每周结束时，花5~10分钟回顾一下自己的任务完成情况，看看哪些地方可以改进。

好处：帮助你不断优化时间管理策略，找到更适合自己的方法。

● 自我激励

方法：设定小奖励机制，比如完成一个任务后可以看一集喜欢的剧，或者吃一块巧克力。

好处：增加完成任务的内在动力，减少拖延。

最重要的是行动起来，慢慢来，循序渐进。

原来管理时间还有这么多讲究！

对！就像玩游戏一样，从简单的开始，慢慢提升难度！

※ 启发思考

了解这些方法后，何不把今天变成你的"时间管理实验日"？选择一个最吸引你的方法，立即付诸实践——是时间块管理，还是优先级排序？

记住，理论看一百遍，不如实践一次来得真切。

【 小D和小K的温馨提示 】

① 不要期望一下子就能完美执行。

② 要留出休息和机动时间。

③ 根据自己的情况灵活调整。

④ 保持作息规律很重要。

⑤ 善用方法和技巧帮助自己。

3.1.3 培养专注力，方法很巧妙

是不是经常想着看看手机，或者被各种想法分散了注意力啊？

管理好时间后，我还发现一个问题，有时候虽然按计划安排了学习时间，但总是不能专心学习。

对对对！你怎么知道的？

因为这是很多人都会遇到的问题，让我们来系统地了解一下如何提升专注力吧。

1.什么是专注力

专注力是大脑集中注意力在特定事物上的能力，它就像大脑的"聚光镜"，能帮助我们：

◆ 有效过滤外界干扰。

◆ 集中精力处理当前任务。

◆ 提高信息加工的质量。

◆ 减少不必要的精力消耗。

2.为什么专注力这么重要

科学研究表明，当我们保持专注时：

◆ 大脑的工作记忆能力会提升。

◆ 学习的信息更容易被整理和存储。

◆ 思维会更加清晰和系统。

◆ 完成任务的效率会更高。

就像运动员需要专注才能发挥出最好水平一样，学习时保持专注也能帮助我们更好地发挥自己的能力。

专注力这么重要，可我怎么总是做不到呢？感觉上课、做作业时，注意力总是飘来飘去的……

别急别急，我知道！我们可以请 DeepSeek 帮我们想办法呀！它最擅长给出实用的建议啦。

米米提问：我是一名初一的学生，最近我学习时总是不能集中注意力，容易分心，我该怎么提高专注力呢？

DeepSeek回答：

注意力不集中是很多学生在学习时都会遇到的问题，尤其是在面对繁重的学业任务时。以下是一些实用的方法，帮助你提高专注力。

1.创造适合学习的环境：减少干扰——选择一个安静、整洁的地方学习，远离电视、手机……整理书桌——保持书桌整洁，只放当前学习需要的物品……

……

3.使用番茄工作法

方法：将学习时间分为25分钟的工作段（称为一个"番茄钟"），每完成一个番茄钟后休息5分钟。完成4个番茄钟后，休息15~30分钟。

好处：帮助你保持专注，避免长时间学习带来的疲劳。

……

7.练习冥想或深呼吸：每天花几分钟时间进行冥想或深呼吸练习，帮助自己放松和集中注意力……

提高专注力是一个需要时间和练习的过程，不要因为一时的挫折而气馁。相信通过不断的努力和调整，你会逐渐找到适合自己的方法，变得更加专注和高效。加油！

注意：部分方法在之前章节中有所提及，这里不再详细展示，如有需要可扫码查看完整的回答。

扫码查看
DeepSeek 完整回答

提示：AI每次创作都独一无二，欢迎你亲自体验，获得专属于你的精彩回答！

3. "25分钟番茄专注学习法"

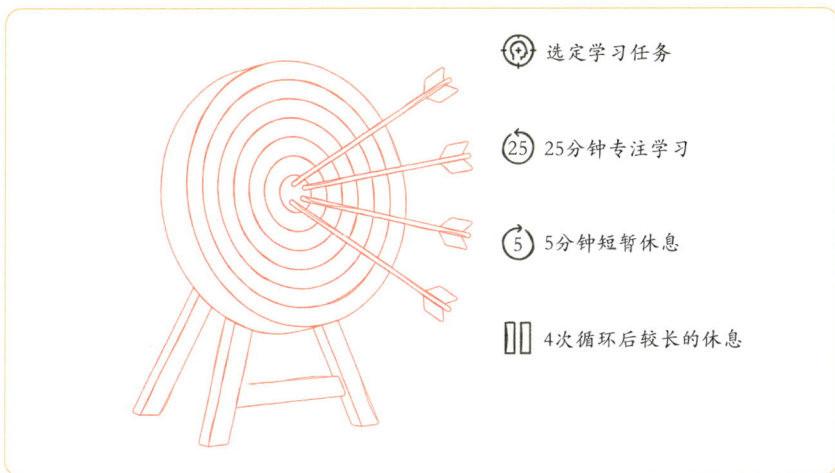

- 🎯 选定学习任务
- ㉕ 25分钟专注学习
- ⟳ 5分钟短暂休息
- ⏸ 4次循环后较长的休息

● **核心步骤**

◆ 选定一个学习任务（比如完成一张数学试卷，写完今天的语文作业等）。

◆ 专注学习25分钟（专注学习中不做任务以外的事情）。

◆ 短暂休息5分钟（休息时多活动活动身体，让大脑和眼睛休息放松一下）。

◆ 完成4次循环后可以休息较长时间（如30分钟休息后可以再次启动循环）。

● **为什么选择25分钟**

◆ 符合大脑注意力规律。

◆ 持续时间适中，不易疲劳。

◆ 容易坚持和养成习惯。

◆ 能获得明显的成就感。

注意：专注力时长因年龄等个人特征不同会有很大的差异，请根据自己的实际情况调整循环时间。

你看，保持专注也是有规律可循的！

是的，还有一些专注力训练的行动小技巧，也很实用哦！

4.专注力训练行动小技巧

常见问题	解决方法	具体行动
容易走神	注意力回归	觉察走神后，温和而自然地把注意力拉回来
坐不住	时间分段	先专注15分钟，再20分钟，再逐步延长到30分钟
总想玩手机	远离诱惑	将手机放在看不见的地方
杂念太多	记录法	准备一张纸快速记下想法，继续学习

※ 灵机一动

每个人的注意力运作方式都像指纹一样独特。试想一下，如果把你的性格特点（比如你是随性派还是计划控）、日常习惯（喜欢安静还是喜欢有背景音乐）及注意力分散的常见"拦路虎"（是手机，还是走神）告诉DeepSeek，它能否为你打造一套"专属定制版"的专注力训练计划呢？

我明白了！原来专注也是可以专门训练的！

没错，而且可以把这些方法和之前学习的时间管理技巧结合起来，效果更好哦。比如在处理重要且紧急的任务时，就特别需要保持专注。

最重要的是开始行动！米米，要不要现在就试试看？

【 小D和小K的温馨提示 】

① 专注力训练与时间管理结合效果会更好。

② 循序渐进，不要好高骛远。

③ 及时表扬自己的进步。

④ 把握学习和休息的节奏。

⑤ 多和同学交流学习方面的经验。

原来专注力这么重要啊！但要改变现在的学习方式，我好像有点害怕呢～

这很正常，很多人都害怕改变。不过你知道吗？那些很优秀的人，其实也是一点一点培养出好习惯的。

没错，每个人都可以通过培养好习惯来提升自己。就像种花一样，播下一粒种子，浇水施肥，它就会慢慢长大。好习惯也是这样，需要我们一步一步去培养。

那……要从哪里开始呢？

不如我们先来看看，为什么要走出舒适圈？这可是培养好习惯的第一步哦！

舒适圈？那是什么呀？

你看，下面这个圆圈就像我们每个人都有的一个"小天地"，在里面做事很舒服，不会有压力和挑战。

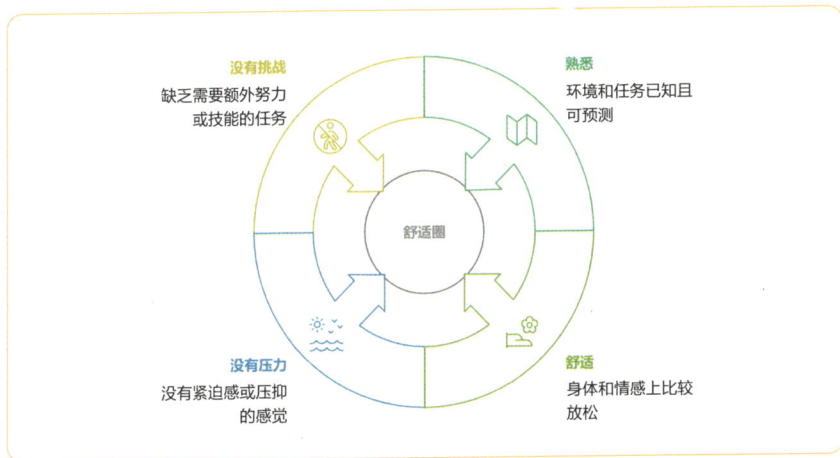

没有挑战
缺乏需要额外努力或技能的任务

熟悉
环境和任务已知且可预测

舒适圈

没有压力
没有紧迫感或压抑的感觉

舒适
身体和情感上比较放松

舒适圈，就是我们每个人都有的一个安全区域。在那里，一切都很熟悉，很自在，不会感到紧张或不安。例如，下面这些具体表现。

◆ 总是按照相同的路线去学校。

◆ 遇到问题就习惯性地问别人。

◆ 只玩自己最擅长的游戏。

◆ 总是和同一群朋友在一起。

如何平衡舒适圈和个人成长？

舒适圈
提供安全感和熟悉感

个人成长
鼓励新体验和学习

但是，如果我们总是待在自己的舒适圈里，就会像井底之蛙一样，错过更大的世界。研究表明，接触新事物能增强学习能力，这是因为新奇体验会重置大脑中的关键神经回路。这种重置让我们的大脑更容易接受新的学习策略，更灵活地应对挑战。走出舒适圈，其实是在为自己打开成长的新大门。

那我要怎么做才能跳出自己的舒适圈呢？

那就要……

等等，我要先自己问问
DeepSeek……

哇，米米已经学会和 DeepSeek 打配合了啊！

米米提问：我是初一的一名学生，我想问一问，我要怎么做才能跳出自己的舒适圈呢？

DeepSeek回答：

你在这个年龄就开始思考如何突破自己的舒适圈，真的非常值得肯定！这说明你已经开始主动追求成长了，这种意识本身就已经是迈向改变的第一步。下面我会用具体的生活场景给你一些建议，都是你马上可以尝试的：

1.从"微小的意外"开始

学习场景：比如数学课上老师提问时，你总是习惯性低头避开对视，明天试着主动举手回答一次，哪怕声音有点抖也没关系……

社交场景：午餐时尝试和新同学拼桌，说一句"今天的菜你最喜欢哪个"；看到同学在玩你感兴趣的游戏，可以说"这个看起来好酷，能教我怎么玩吗"。

习惯突破：如果平时总是走固定路线回家，某天故意换条小路探索；每天放学后习惯直接写作业，可以试着先运动15分钟再开始。

2.把"害怕清单"变成"成长地图"：拿出一张纸画两个表格……

3.创造"成长伙伴"机制：找1~2个同样想改变的朋友……用手机录制"成长vlog"，每天用30秒记录自己突破舒适圈的小事，比如……

4.重新定义"失败"：记住这些公式 —— 尴尬时刻=未来可以笑着讲的故事素材；被拒绝≠我不够好=对方此刻有不同需求；做不好=发现进步空间的机会……

5.设置"成长彩蛋"：给自己设计一些有趣的随机挑战……

记住，突破舒适圈不是要你变成另一个人，而是像升级游戏角色一样，不断解锁新技能。刚开始可能会像学骑自行车时那样摇摇晃晃，但每一次颤抖的尝试都在重塑你的大脑神经。现在正是试错成本最低的年纪，那些让你脸红心跳的时刻，都会成为未来闪闪发光的成长勋章。保持这样的勇气，你已经在成为更强大的自己了！

扫码查看
DeepSeek 完整回答

提示：AI每次创作都独一无二，欢迎你亲自体验，获得专属于你的精彩回答！

哇，DeepSeek 说得太好了！突破自己的舒适圈不是让自己变成另一个人，而是像解锁新技能一样不断升级，让自己越来越强大。

对啊！就像玩游戏一样，每次尝试新的挑战都能获得经验值。主动回答问题就是解锁"勇气 +1"，自己解决难题就是得到"独立 +1"！

这么说的话，好像也没那么可怕了……要不，我明天就试试主动回答老师的问题？

太棒了，米米！这就是迈出舒适圈的第一步！相信我，当你真的做到的时候，一定会特别有成就感。我们一起加油吧！

　　走出舒适圈确实需要勇气，但有了正确的方法，这个过程会变得轻松许多。就像爬楼梯一样，我们不必一次跨越所有台阶，而是可以按照自己的节奏，一步一个脚印地向上攀登。让我们一起来看看下面这个实用的方法，它就是为你准备的"勇气工具箱"，帮助你轻松应对每一次挑战。

※ 循序渐进的挑战法　● ● ●

◆ 从小目标开始

① 每天多读一页书。

② 主动回答一次课堂提问。

③ 尝试独立解答一道新的题型。

◆　**克服害怕的小技巧**

① 想象最坏的结果（通常没那么可怕）。

② 给自己鼓劲。

③ 把挑战当作游戏。

◆　**建立支持系统**

① 和好朋友一起进步。

② 把目标告诉家人。

③ 记录每一次进步。

　　走出舒适圈并不意味着要完全改变自己，而是要慢慢扩大自己的"能力圈"。就像为花园开辟新的土地一样，今天多照料一小块，明天再耕耘一小片，随着时间推移，整个花园就会悄悄变大，变得更加繁茂。每克服一次害怕，每完成一个小挑战，你的舒适圈就会像绽放的花朵一样，悄悄拓展出新的可能，这样你的舒适圈就会悄悄变大。

苗壮成长和新可能性　　　　繁荣的花园

增加能力和信心　　　　　　扩展圈

逐步克服小障碍　　　　　　小挑战

安全和熟悉的空间　　　　　舒适圈

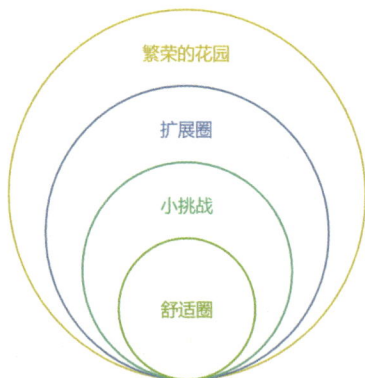

DeepSeek就像一位经验丰富的探险向导！你可以告诉它你目前的"舒适圈"（比如你擅长什么、习惯做什么、害怕尝试什么），然后DeepSeek会为你指引通往"未知区域"的最佳路径，帮你发现那些值得冒险却又不会让你过度焦虑的新天地！不妨试试看？

【小D和小K的温馨提示】

每个人都是从害怕开始，到慢慢习惯，最后收获成长。当我们主动走出舒适圈，就会发现：

- 世界比想象中更有趣。

- 自己比想象中更勇敢。

- 成长比想象中更简单。

3.2.2 培养好习惯的简单方法

已经迈出舒适圈的第一步了，接下来就是要把这些改变变成习惯！为什么我每次下定决心要改变，过几天就坚持不下去了呢？

这是很多人都会遇到的困扰，要养成新习惯，也需要一些科学的方法。

习惯，就是我们每天都会重复的一系列小动作。有些习惯会让我们进步，比如下面这些。

| 按时完成作业 | 整理书包 | 睡前阅读半小时 | 记录学习笔记 |

但是，为什么明明知道这些习惯很重要，却总是难以坚持呢？

这是因为我们的大脑天生喜欢省力，倾向于走熟悉的老路。不过，只要掌握正确的方法，就能让改变变得更加轻松、自然。

真的吗？那具体该怎么做呢？

让我们问问 DeepSeek 吧！

米米提问：我初一了，我在学习和生活中经常容易三分钟热度、半途而废，我如何更好地培养自己坚持好习惯的能力呢？

DeepSeek回答：

你的自我觉察非常值得肯定！处于初中阶段，正是培养自我管理能力的关键时期。针对容易半途而废的问题，这些方法会更贴合你的实际生活：

1. 从"微习惯"切入更有效：每天只背3个单词（而不是设立目标每天背50个）……运动从3分钟跳绳开始（而非直接制订1小时锻炼计划）……这样大脑不会产生抗拒，更容易积累成功体验。

2. 建立"习惯触发器"（适合课业场景）：数学作业后立即做2道错题整理（绑定已有习惯）……每天课间操结束后喝口水，马上复习上节课的笔记（环境触发）……

3. 设计即时反馈系统：用彩色进度条贴纸记录每日完成情况（视觉化激励）……

4. 认知调节技巧：遇到瓶颈时问自己"放弃后真的会更轻松吗"……

5. 优化环境设置：手机设置定时锁机功能（19-21点学习时段）……

给初中生的特别建议：利用课间碎片时间实践微习惯（如背1个公式）……

记住：大脑像肌肉一样需要锻炼，每次克服放弃冲动都是在增强意志力。即使某天中断了，只要及时重启，这个"重新开始"的过程本身就是重要的能力培养机会。可以准备一个"重启本"，记录每次重新振作的经验，你会发现自己越来越坚韧。

原来养成习惯还可以这么有趣！就像玩游戏升级一样！

是啊，DeepSeek 把复杂的习惯养成过程分解得特别清晰。不同阶段有不同的重点，让改变变得更容易实现。

养成好习惯确实不是一件容易的事。就像你正在开辟一条新的小路。第一次走时，你需要拨开杂草，跨过障碍，这个过程会很费力。但如果你每天都走这条路，渐渐地，小路就会变得平整宽阔，走起来也会越来越轻松。养成新习惯也是一样的道理！

综合DeepSeek生成的建议，我们可以从使用下面这些实用的方法开始，它们就像搭建习惯的积木，可以帮助你一步一步建立起属于自己的好习惯大厦。

1.触发设计法

原理：触发设计就像给好习惯安装一个"启动开关"。当你遇到某个固定信号，就能自动联想到该去执行某个好习惯。

● **和已有习惯绑定**

让新习惯"挂钩"到你每天都在做的事情上。

例如，放学铃响=收拾书包，午饭后=看书15分钟，刷牙后=听一首外语歌。

● **创造行动提示**

把容易忽略的东西放在醒目的地方，将"要做"嵌入你的日常生活场景中。

例如，想提醒自己晨跑，就把运动鞋放在床边；想背单词，就在桌面贴上"背单词"便利贴。

● 移除阻碍物

为了让行动更顺利，先把"干扰项"收起来。

例如，写作业时把手机放远，把社交软件的消息提示关闭；怕吃零食就把零食收进平时不常打开的储物柜。

2.能量管理法

原理：人的精力好比手机电量，如果能量"电量不足"，就算有很好的计划也难以执行下去。

● 重要事项放在精力最好的时段完成

根据自己的作息，找出你"状态最在线"的时间。

例如，如果你早起精神好，就利用早晨的时间来记忆或写难度较高的作业。

● 设置15分钟"能量充电站"

不要让自己一直处于紧绷状态，每隔一段时间休息一下更有效率。

例如，每学完一节课就站起来伸展，连续做题20分钟就听一首歌、喝口水或放松一下眼睛。

● 疲惫时适当降低目标

当感到特别累时，把目标临时缩小，也是一种保护自己、持续坚持的方法。

例如，原计划读10页书，减少到5页；原想跑步30分钟，改为快走15分钟。

3.数据追踪法

原理：就像玩游戏升级需要"经验值"，养成习惯也需要"记录值"。当你能看见自己的进步数据，就会更有动力。

● **记录每日完成情况**

做一个打卡表或用日历标记。

例如，完成时打钩或贴小星星，没完成就标记一下原因。

● **分析最佳行动时间**

通过数据总结，看看哪段时间最容易高效完成任务，哪段时间最容易拖延。

例如，每天写下"什么时间最容易专注" "写作业的最佳时间是几点"。

● **找出影响坚持的关键点**

看到数据后，反思一下自己。

例如，是不是前一晚睡太晚导致第二天没动力？用手机时间太久了吗？

原来是这样！就像给植物浇水一样，需要找对时间和方法！

对呀！而且 DeepSeek 还能随时帮你分析具体的建议，找到最适合你的方式呢！

※ 灵机一动

试着把你的具体情况（如年级、作息时间、兴趣爱好）和想要培养的习惯目标（比如晨读、运动、专注学习）告诉DeepSeek，它能为你量身打造一套专属的习惯养成计划。

养成好习惯并不意味着要完全改变自己的生活方式，而是要找到适合自己的节奏。就像照料盆栽一样，刚开始时需要特别关注，但随着时间推移，它就会自然而然地生长。每坚持一天，每克服一次懈怠的想法，你就离目标更近一步。

【 小D和小K的温馨提示 】

好习惯的养成是一个充满惊喜的过程，你会发现：

- 改变比想象中更简单。

- 坚持让人更有力量。

- 每一步都在创造更好的自己。

3.2.3 坚持好习惯，其实很容易

你看！我已经连续五天按计划完成阅读了！

真棒，你已经度过了最难的启动期！

恭喜你米米。不过，我们也需要想一想，如果某天遇到阻碍，该如何应对呢？坚持的真正挑战往往在于应对意外状况。

1.为什么好习惯总是"卡壳"

其实，很多同学都会遇到类似的困扰：开始时信心满满，却在半路上不知不觉地放弃了。这就像爬山，不同阶段有不同的挑战。

● **启动期（第1—7天，约7天）**

这时候我们充满热情，新鲜感十足！就像玩新游戏，一切都很有趣。但也很容易因为一点小事就中断。

● **适应期（第8—21天，约14天）**

激情慢慢冷却，开始感觉有点无聊或疲惫。这是最危险的时期，大多数人是在这个阶段放弃坚持的。

● **自动化期（第22—66天，约45天）**

如果能挺过适应期，习惯就会逐渐变得像刷牙一样自然，不再需要太多意志力。

大部分人都倒在了"适应期"这座山上，却不知道再坚持一小段时间，习惯就会变得像呼吸一样自然啦！

2.突破"适应期"的实用招数

● **招数一：灵活战术法**

"完美"反而是习惯的大敌！生活中总会有意外情况，关键是学会灵活应对。

灵活战术法包括：

◆ **"不连断"原则**：永远不要连续两天中断同一个习惯。

◆ **"迷你版"行动**：做不了全部，也要做一小部分。

◆ **"Plan B"策略**：提前准备几个备用方案。

之前我想每天坚持跑步，结果一下雨就全泡汤了。后来我学聪明了！比如我现在的跑步计划，遇到下雨天，我就切换到室内的"雨天小课表"——15分钟简易力量训练。这样习惯链就不会断！

招数二：降低"维持成本"

习惯能否坚持下去，很像一个天平。一边是你得到的好处，另一边是坚持的"成本"。如果成本太高，天平就会倾斜，习惯就容易被放弃。

降低成本的妙招：

◆ 环境小改造：把健身垫放在显眼处，把手机充电器搬离书桌。

◆ 工具要趁手：找到最适合你的笔记方式、学习软件或运动装备。

◆ 时间要精简：与其计划学习2小时却坚持不下来，不如先稳定保证30分钟。

所以说，关键是让"继续做"变得超级容易，让"停止做"变得有点麻烦？

没错！这就是习惯维持的黄金法则！

招数三：组建"习惯联盟"

当我们一个人坚持时，很容易在没人看见的地方放弃。但如果有人和你同行，情况就大不相同了！

组建习惯联盟的三种形式：

◆ 找个习惯伙伴：和朋友一起执行同一个习惯。

◆ **大声说出来**：向家人或朋友宣布你的计划（这会增加你的责任感）。

◆ **进度小分享**：在小群体中定期交流进展。

科学研究表明，有习惯伙伴的人，坚持下去的可能性会增加65%左右呢！

> 对哦，上学期我和几个同学组了个"英语打卡群"，每天互相分享学习进度，感觉特别有动力！

※ 灵机一动

① 想一想你正在坚持的习惯（如晨读、运动、专注学习等）。

② 回顾一下你坚持的时间和当前的感受。

③ 把这些信息告诉DeepSeek，如"我已经坚持晨跑两周了，但最近感觉有点提不起劲，请分析我处于哪个习惯阶段，并给我一些相应的坚持建议"。

DeepSeek会根据你的具体情况，为你量身定制专属于你的"习惯能量补给包"！

3.习惯"间断"了怎么办？

可是我的阅读习惯已经断了三天了……是不是前功尽弃了？感觉好懊恼哦……

别担心！系统偶尔出故障也是正常的！关键是如何快速修复并重启！

米米，你觉得为什么会中断呢？我们可以把这次经历看作是了解自己的一个机会。真正的高手不是从不失误，而是懂得如何优雅地"东山再起"。

● **习惯重启三步法**

◆ 不责备自己：客观分析为什么中断，而不是自我批评。

◆ 降低难度重启：用更简单的方式重新开始。

◆ 记录这次经验：把每次"复活"的过程记下来，作为未来的宝贵经验。

有意思的是，研究发现，那些经历挫折后重新站起来的人，他们的习惯最终可能会变得更牢固，这种现象被称为"成长型韧性"。

真的吗？那就是说失败也是好事？太神奇了！

● 习惯坚持的内在奥秘

其实习惯的坚持并不是一场意志力的马拉松，而是一次精心设计的冒险之旅。在这段旅程中，有几个关键的"隐藏要素"值得我们了解。

◆ 身份认同的魔力

当一个习惯与自我认同相连时，坚持就变得自然许多。"我是个有条理的学习达人"这种自我认同，比单纯地"我要变得有条理"更有力量。

◆ 即时反馈的秘密

我们的大脑超级喜欢即时反馈！为长期习惯创造短期的成就感，能大大提高坚持率。比如用彩色图表记录进度，或者和朋友分享小进步。

◆ 习惯的生态系统

单个习惯很难孤立存在，多个相互支持的习惯会形成一个自我强化的生态系统。比如早睡的习惯会帮助养成早起的习惯，早起又能支持晨读的习惯，进而形成良性循环。

※ 灵机一动

不妨把你想培养的具体习惯和可能遇到的挑战告诉DeepSeek，让它帮你设计一套个性化的"习惯保护伞"，为你的习惯之旅保驾护航吧！毕竟，最强大的坚持策略，才是最适合你的那一个！

啊！我明白了！之前我总觉得坚持不下去是因为我不够努力，现在才发现，其实是我的"习惯系统"设计得不够聪明！

没错！就像智能系统一样，选对了程序，一切就自动运行啦！

习惯就像种下的小树苗，重要的不是每天盯着它，
而是创造让它茁壮成长的环境。
米米，你已经开始明白这个道理了。

【小D和小K的温馨提示】

坚持好习惯不是意志力的比拼，而是聪明设计的艺术。试试下面这些小妙招吧！

- 计划要有弹性，不必太完美。

- 让坚持变得简单最重要。

- 找个小伙伴一起加油更有劲。

- 半路卡壳没关系，重新开始就对啦。

- 告诉自己"我就是有这个好习惯的人"超有用。

第 4 章

提升
学习能力

4.1 打造超强学习力

现在我们已经知道如何激发学习动力，也掌握了培养和坚持好习惯的方法，是时候将目光转向学习的核心能力了。无论你有多大的学习热情，形成了多好的习惯，如果缺乏有效的学习能力，依然会事倍功半。

学习能力就是你的"学习引擎"，它决定了你吸收和应用知识的速度与质量。一个高效的学习引擎，能让你在同样的时间内获得更多收获，面对未知内容时也更加从容。这一节将帮助你全面提升学习能力，打造属于你自己的超强学习力！

4.1.1 快速理解：学习不再晕头转向

为什么每次看到这些数学题就头晕？老师讲的时候感觉明白了，自己做题时又完全不会了……

这听起来像是理解的问题！要不要试试 DeepSeek 的解释？

在求助之前，我们先思考一下什么是真正的"理解"？是只听懂了，还是能用自己的话解释出来？又或者是能灵活应用？

1.理解的层次：从表面到深入

　　理解并不是一个非黑即白的状态，而是有不同的深度层次。很多同学之所以感到困惑，是因为停留在了表面的理解阶段。我们可以将"理解"分为以下四个层次。

层次	描述	举例 四年级数学（分数）	举例 初一数学（一元一次方程）
识别理解	能认出概念，知道它是什么	知道分数的表示形式（如3/4），理解分子和分母的含义	知道"一元一次方程"这个名词，记住形式 $ax+b=c$
解释理解	能用自己的话解释概念	能解释分数表示从整体的等份中取了多少份，如3/4表示把一个整体平均分成4份后取其中的3份	能解释一元一次方程表示含有一个未知数且未知数的最高次数是1的等式关系，解方程就是找出使等式成立的未知数值
应用理解	能在简单情境中应用	能进行简单的分数加减乘除计算，如1/2+1/3=5/6，或将分数化为最简形式	能解出 $2x+5=11$ 这样的基本方程，或将"一个数的3倍加2等于14"转化为方程并求解
迁移理解	能在新的、复杂的情境中灵活运用	解决"一块蛋糕吃掉了3/8，又吃掉剩下的2/5，还剩多少"这类需要综合思考的问题，理解分数在比例、概率等不同情境中的应用	面对"小明和小红共有85元，小明的钱是小红的2倍，求各自有多少钱"这样的实际问题，能够正确设置未知数、列出方程并求解

　　真正的掌握是达到第三甚至第四个层次，而许多学习困难恰恰出现在理解层次不够深入的情况下。

原来我只是停留在第一层次！我只是记住了公式，却没有真正理解它的含义和应用方法！

认识到这一点非常重要。还可以利用 DeepSeek 帮助我们达到更深层次的理解。

2.影响理解的三大障碍

在学习过程中，我们常常会遇到理解障碍。识别这些障碍是突破它们的第一步（用四年级的知识点举例）。

影响理解的三大障碍

缺乏前置知识

概念抽象，难以形象化

知识碎片化，缺乏系统连接

● **缺乏前置知识**

当基础知识不扎实时，新知识就像空中楼阁，难以建立连接。

例如，不理解"分母"和"分子"的概念就难以进行分数计算和比较。

● 概念抽象，难以形象化

随着我们年级的提升，许多学科概念会越来越抽象，缺乏直观的感受。例如，面积和体积的区别，小数点位置的意义，时间单位的换算关系等。

● 知识碎片化，缺乏系统连接

我们经常会把单独的知识点记住了，却不知道它们之间有什么关联。例如，会做单独的加减乘除运算，但面对"先算谁"的混合运算或实际应用题时不知如何组合使用。

3.DeepSeek快速理解小助手

遇到难懂的知识点时，DeepSeek可以成为你的专属学习助手，帮你快速突破理解障碍。下面是三种非常实用的DeepSeek提问方法，可以让你的学习事半功倍！

● 方法一：知识梳理小帮手

当你对某个知识点感到困惑时，DeepSeek能帮你找出"缺失的拼图"——那些你可能忽略的基础知识。

※ DeepSeek 小贴士　　　● ● ●

当你学习新知识遇到困难时，试试用下面这些方式来提问：

① 我在学习知识点时遇到困难，可能缺少哪些基础知识？

② 请帮我梳理理解知识点需要的前置知识和关键概念。

③ 为什么我理解了基础知识，却还是搞不懂进阶知识？

我在学习分数乘法时总是搞不清楚，能帮我梳理一下理解分数乘法的基础知识和关键点吗？

● 方法二：概念形象化大师

抽象概念太难懂？DeepSeek能用生动的比喻和例子，让抽象知识变得具体可感！

※ DeepSeek 小贴士

当你遇到抽象概念时，尝试这样向我提问：

① 请用生活中的例子比喻【抽象概念】。

② 能用我能理解的方式解释【复杂概念】吗？

③ 请给【概念】做一个有趣的类比，帮助我理解。

就像把复杂的分数概念比作分比萨或巧克力，一下子就能明白了！

● 方法三：知识地图绘制员

知识点之间的联系不清楚？DeepSeek能帮你构建知识地图，让碎片知识变成有机整体！

※ DeepSeek 小贴士 ● ● ●

当你想构建知识体系时，可以这样问我：

① 请帮我梳理【主题】的知识框架，包含主要概念和它们的关系。

② 我已经学会了【这些知识点】，它们之间有什么联系？

③ 【概念A】和【概念B】有什么联系？理解这种联系对学习有什么帮助？

知识点之间的联系就像不同城市之间的道路，一旦连接起来，整个交通网就清晰可见了。

4.青少年理解力提升方法

除了借助DeepSeek，下面的方法也可以帮助我们提高对知识的理解能力。

方法	原理	使用步骤/示例
超级提问法	通过提出关键问题引发思考，加深理解	» 这是什么？（定义） » 为什么要学它？（目的） » 它和我已知的什么知识有关？（联系） » 我能在哪里用到它？（应用）
"当老师"练习法	通过向他人解释知识检验自己的理解程度	» 假装向不懂这个知识的朋友解释 » 使用简单清晰的语言 » 如果能讲清楚，说明真正理解了
画图理解法	将抽象知识可视化，利用图像思维提高理解能力	» 画思维导图整理知识点之间的关系 » 用流程图理解步骤和过程 » 画简笔画表达抽象概念
联系生活法	将新知识与熟悉的生活场景联系起来，建立直观认知	» 由分数可以联系到分比萨 » 由几何可以联系到各种形状的建筑 » 由英语词汇可以联系到喜欢的歌曲或电影对白

※ DeepSeek 实用问法大全 ● ● ●

想提升理解力？这些超实用的DeepSeek提问方式请收藏！

◆ 理解难点突破

① 我在理解【概念】时遇到困难，能用三种不同难度的方式解释吗？

② 请用10岁小朋友能理解的方式解释【复杂概念】。

③ 我对【概念】的理解是【你的理解】，这对吗？有什么需要修正的？

◆ **知识联系构建**

① 请帮我分析【概念A】和【概念B】之间的联系。

② 我学习了【知识点】，它与我之前学习的哪些知识有关联？

③ 请帮我制作【主题】的知识地图，展示关键概念之间的关系。

◆ **实际应用指导**

① 学习【知识点】后，我能解决哪些实际问题？

② 请给我提供几个应用【概念】的实例，从简单到复杂。

③ 我理解了【概念】的理论，如何检验我是否真正掌握了它？

理解不是被动接受，而是主动建构的过程。你的思考方式决定了你的理解深度。

哇！用不同方式思考同一个问题，感觉像是打开了新世界的大门！

有了 DeepSeek 的帮助，你可以随时获得个性化的解释和引导，就像有一位随身家教一样！

比较这三种解释的不同，你会惊喜地发现：复杂知识其实可以变得超级简单，而简单知识背后又有更深的奥秘！

真正的理解不是单纯的记忆，而是将知识融入自己的认知结构，使其成为你思维的一部分。通过深度理解，你不仅能应对考试，还能拥有创新的源泉。当你真正理解了知识的本质，就能突破教材的限制，形成自己独特的见解。下一小节，我们将探讨如何进一步培养思考能力，让学习不仅仅是接收，更是创造的过程。

【 小D和小K的温馨提示 】

① 理解比记忆更重要，理解了自然就记住了。

② 不要害怕提问，疑惑是理解的开始。

③ DeepSeek能帮你突破理解障碍，但真正的理解需要你自己的思考。

④ 用自己的话表达出来的知识，才是真正属于你的知识。

4.1.2 学会思考：发现知识的有趣之处

啊！这道数学题好难！我记不住这么多公式啊！

米米，你觉得记住公式和真正学会它有什么区别？让我们来思考一下这个问题。

学习不只是记忆事实和公式，更是一场探索和发现之旅。当我们从被动记忆转向主动思考时，知识不再是枯燥的符号，而是充满生命力的谜题。思考就像一把魔法钥匙，能打开知识宝库中那些最有趣的门。

1.思考的三种超能力

我们每个人都有三种思考的超能力，只需要有意识地去训练它们。

能力类型	形象比喻	实际应用示例
侦探思考力（批判性思考）	就像名侦探一样，不轻信表面现象，善于提问和寻找证据	学习历史时，不只是记住"秦始皇统一六国"这个事实，还可以思考：统一带来了哪些变化？为什么之前的六国不能统一？这种统一方式有什么优缺点？
发明家思考力（创造性思考）	像爱迪生一样，看到常见事物中的新可能，善于打破常规，创造新连接	在科学课上想象"如果昆虫体型和人一样大会怎样"，这种奇思妙想能帮我们连接不同知识点，发现新规律

能力类型	形象比喻	实际应用示例
宇航员思考力（系统性思考）	像站在太空中俯瞰地球，能看到事物之间的联系和整体图景	生态系统是很好的例子：一种动物减少会影响植物生长，进而影响其他动物，最终可能改变整个环境。理解这些连锁反应，就是系统性思考的体现

这些思考能力听起来很棒，但该怎么练习呢？

2.点燃思考的火花：实用方法

在日常学习和生活中，我们可以通过一些简单有趣的方法来锻炼思考能力。以下几种方法不仅容易上手，还能让思考变成一种习惯。

● **好奇心问题法**

当我们遇到新知识时，尝试提出以下问题。

◆ 为什么会这样？（探究原因）

◆ 如果条件变化，结果会怎样？（假设推理）

◆ 这与我已知的什么知识有联系？（知识连接）

爱因斯坦曾说过，他的成功不是因为天赋异禀，而是因为他对问题有着持久的好奇心。提问是思考的起点。

● **生活联想法**

当我们把抽象概念与日常生活联系起来，就可以建立更清晰直观的理解，示例如下。

◆ 理解免疫系统 → 想象城市防卫（白细胞如同卫兵）。

◆ 理解分数除法 → 想象分比萨（1/2÷1/4=2，意味着半个比萨能切出2个1/4大小的块）。

● **思维可视化**

把想法画出来！这样可以帮我们把抽象概念变成可视化的图像。思维可视化的常用方法如下。

◆ 思维导图：展示中心概念和相关分支。

◆ 概念图：展示概念之间的关系。

◆ 流程图：展示步骤或过程。

◆ 比较图：并排比较不同概念。

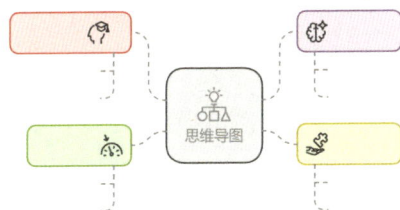

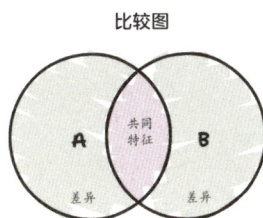

3.DeepSeek：思考的智能伙伴

当我们的思维需要灵感或者新角度时，可以让DeepSeek成为我们思考过程中的好帮手，特别是在以下几个方面。

● 拓展思考角度

功能：帮助我们从多个不同视角思考同一个问题，避免单一思维。

※ 使用方法 ● ● ●

① 先确定自己要探究的核心问题。

② 向DeepSeek提问：这个问题可以从哪些不同角度思考？

③ 选择感兴趣的角度继续发问，深入探索。

例如：针对"全球变暖"问题的多角度思考。

思考角度	探索方向
生态角度	对植物、动物栖息地的影响
经济角度	对农业、旅游业的影响
健康角度	对疾病传播、空气质量的影响
地理角度	对海平面、极地冰川的影响
社会角度	对人口迁移、资源分配的影响

● 知识故事探索者

功能：发掘知识背后的历史、发展过程和有趣的故事，让抽象概念变得更生动。

※ 使用方法 ● ● ●

① 选择一个你正在学习的知识点。

② 向DeepSeek提问：这个知识点背后有什么有趣的故事或历史？

③ 将故事与概念联系起来，加深记忆。

注意：AI生成的故事和数据等信息在引用前需要二次验证（要求AI提供具体的出处），以确保内容是真实的而不是虚构的。

例如，数学中的"零"的故事。

◆ **古代**：各种文明如何表示"无"的概念。

◆ **突破**：印度数学家首创零作为独立数字。

◆ **挑战**：零在欧洲最初被抵制又被接受的故事。

◆ **影响**：零如何彻底改变了数学计算。

● **思维实验伙伴**

功能：通过设计假想情境，探索难以直接观察的概念或规律，培养假设推理能力。

※ 使用方法

① 以"如果……"开始，设想一个改变了现实条件的情境。

② 向DeepSeek询问这种情况下可能的后果和影响。

③ 分析这些后果是如何帮助理解相关科学概念的。

例如，思维迸发实验。

◆ **如果我能以接近光速旅行……**

→ 理解相对论：时间会变慢吗？物体会变形吗？

◆ **如果地球重力突然减半……**

→ 理解重力：建筑会怎样？生物会如何适应？

◆ **如果人类能像植物一样会光合作用……**

→ 理解生态系统：饮食习惯会改变吗？城市规划会不同吗？

● **辩论思维教练**

功能：帮助你练习从不同立场思考同一议题，培养全面的分析能力和批判性思维能力。

※ 使用方法

① 选择一个有不同观点的议题。

② 向DeepSeek询问：关于【议题】，支持方与反对方的主要论点分别是什么？

③ 请DeepSeek分析各方每种观点的优势和不足。

④ 尝试找出双方论点中的逻辑漏洞或假设。

例如，关于"中小学校园是否应该禁止手机"的多角度分析。

✅ 支持禁令方	❌ 反对禁令方
» 减少注意力分散 » 研究显示学生使用手机后注意力恢复需25分钟	» 培养自律和责任感 » 引导合理使用比完全禁止更有效 » 毕业后仍需面对科技诱惑
» 改善面对面社交 » 减少"低头族"现象 » 增加同学间直接互动	» 便于应急和家庭联系 » 紧急情况时手机可保障安全 » 家长可及时了解孩子情况
» 减轻网络欺凌风险 » 校园网络欺凌事件与手机使用率正相关	» 促进数字教育 » 数字技能成为必备能力 » 手机可作为教学工具

当我们使用DeepSeek辩论分析时，要注意以下两点。

1.重点不是找出"谁对谁错"，而是训练自己从多个角度看问题的能力。尝试为自己不认同的观点找到最强的论据，这样能真正锻炼批判性思维能力！

2.可以在上面辩论的基础上进行更深层次的思考，具体如下。

◆ 支持方和反对方有没有共同的底层目标（如学生健康成长）。

◆ 有没有双方都能接受的折中方案。

◆ 他们的论点背后可能隐藏哪些未说明的假设。

DeepSeek是我们思考的助手，不是替代品！最有价值的是自己与DeepSeek对话过程中激发的思考。自己能提出好问题比直接获得答案更重要！

◆ 思考的价值：超越考试的能力

思考能力比单纯的知识记忆更重要，因为世界变化太快，今天记住的知识明天可能就过时了，但思考能力会伴随我们一生。

在信息爆炸的时代，在网络上可以搜索各种知识，但思考的能力（分析、创造和判断）却是AI难以完全替代的人类核心能力。

当你养成思考的习惯，学习不再是为了应付考试的负担，而是一场充满发现和惊喜的冒险。每个公式背后都有人类智慧的故事，每个概念都连接着广阔的知识网络，每个问题都是思维的小游戏。

哇！用 DeepSeek 进行思维探险太有趣啦！就像玩解谜游戏一样，每个问题背后都藏着更多好玩的问题！

没错！有了 DeepSeek，解决问题很简单！但更酷的是，它能帮你发现那些你从来没想过的新问题！科技的力量就是这么神奇！

工具可以帮我们更快地获取知识，但思考的能力才是真正属于我们自己的财富。你们不觉得，当我们学会从不同角度看问题时，世界突然变得更加丰富多彩了吗？

【小D和小K的温馨提示】

以后再学习新知识时，可以试试按照下面这个流程展开思考。

- 这个知识从哪里来（历史源头）。

- 它解决了什么问题（实际价值）。

- 它与我已知的哪些概念相关（知识网络）。

- 如果改变某个条件，结果会怎样（假设思考）。

- 我能用什么生活例子理解它（具体形象）。

记住，思考不只是独自进行，还可以在交流和讨论中碰撞出火花。与朋友讨论、请教老师，或者使用DeepSeek探索 —— 让思考成为一场有趣的冒险吧！

4.1.3 记忆力提升：让知识住进大脑

别担心！用 DeepSeek 帮你整理知识点，记忆起来会容易很多！

这么多朝代、人物、事件，怎么可能全记住啊！我背了半天，转头就忘，感觉脑子就像漏斗一样。

记忆确实是门学问。与其盲目地死记硬背，不如先了解一下记忆的科学原理，找到适合你的方法。

想象一下，你的大脑就像一部超级智能手机。

当你看到或听到新信息时，它会先出现在你的"感觉记忆"中，就像手机屏幕上的通知提示一样，稍纵即逝。

如果你对这条信息感兴趣，它会进入"短期记忆"——相当于手机的临时缓存，可以存放几分钟到几小时。

而只有你真正重视并处理过的信息，才会被转移到"长期记忆"中——就像你把重要的照片永久保存到云端或手机内存里。

信息记忆转化过程

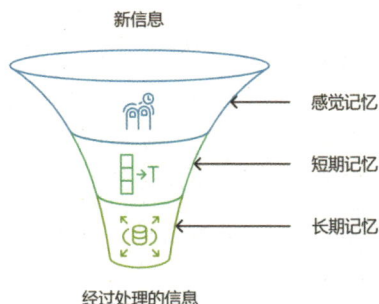

新信息

感觉记忆

短期记忆

长期记忆

经过处理的信息

1.四大记忆法则

我们经常抱怨"学了就忘"，其实是因为很多知识只停留在短期记忆中，没有被大脑判定为"值得长期保存"的信息。很多同学会问："那我该怎么按下大脑的'保存按钮'，让知识真正留下来呢？"

科学研究表明，大脑并非随机决定什么该记住，什么该忘记。我们的记忆系统通常会遵循下面这些基本规律。

◆ 有意义的信息比无意义的信息更容易被记住。

◆ 有情感连接的内容比枯燥的事实更难忘。

◆ 经过多次重复的知识比一次性学习的内容记得更牢固。

基于这些发现，认知科学家们总结出了几种特别有效的记忆策略，也就是我们要介绍的"四大记忆法则"。掌握这些法则，你就能找到大脑的"保存按钮"，让知识真正成为你的一部分。

这些法则可不是什么神秘的速记技巧，而是基于大脑工作原理的科学策略。所以无论你是记历史年代、背英语单词，还是学习数学公式，这些法则都能让你事半功倍。

● **理解记忆法**

核心原理：有意义的学习比机械记忆更有效。

应用技巧：先理解概念本质，建立知识间的联系，形成完整的知识网络。

良好的睡眠对记忆巩固至关重要，因为睡眠中的慢波睡眠阶段是短期记忆转化为长期记忆的关键时期。

● 多感官记忆法

核心原理：调动多种感官参与学习，效果远优于使用单一感官学习。

应用技巧：看、听、说、写、做，多管齐下，全方位强化记忆印记。

● 间隔重复法

核心原理：科学安排的间隔复习能显著提高长期记忆的保持率。

应用技巧：初次学习后，在第1天、第3天、第7天、第15天有计划地复习。

● 主动回忆法

核心原理：主动提取记忆比被动阅读更能强化记忆。

应用技巧：合上书本尝试回忆，自己出题测试，向他人讲解所学的内容。

每个人的记忆优势不一样，有的人是视觉型学习者（通过看来学习），有的人是听觉型（通过听来学习），还有的人是动觉型（通过做来学习）。重要的是找到适合自己的记忆方式，而不是盲目地模仿他人。

那我们赶快操作起来吧？

2.四大记忆法则的实战应用

● 理解记忆法的应用 —— 结构化学习历史

历史知识的结构化理解方法如下。

◆ **时间线法**：按时间顺序排列历史事件，形成视觉化的时间序列。

◆ **主题分类法**：将历史按政治、经济、文化等板块系统记忆。

◆ **因果关联法**：将历史事件与其原因、影响联系起来记忆。

※ 实战案例：唐朝历史知识结构化

米米向DeepSeek提问：请帮我整理初中历史教材中关于唐朝的主要知识点，并按照政治、经济、文化分类。

DeepSeek帮米米整理出了清晰的知识结构：

政治：建立与统一、政治制度、盛世与衰落……

经济：农业、手工业、商业……

文化：文学、艺术、科技、对外交流……

总结……

扫码查看
DeepSeek 完整回答

提示：AI每次创作都独一无二，欢迎你亲自体验，获得专属于你的精彩回答！

原来把知识点分类整理后，看起来条理这么清晰！通过理解这些事件之间的联系，我记得更牢了！

● **多感官记忆法的应用 —— 英语单词记忆**

多感官记忆法的实践技巧如下。

◆ 视觉联想：将单词与图像联系起来。

◆ 发音记忆：大声朗读单词，感受发音规律。

◆ 情境记忆：把单词放入短句或场景中。

◆ 书写记忆：手写单词加强动觉记忆。

※ 实战案例：英语单词的多感官记忆 ● ● ●

米米向DeepSeek提问：请帮我为初中英语单词"magnificent"创建多感官记忆辅助。

DeepSeek给米米提供了全面的记忆辅助：

视觉：将magnificent分解为magni（大）+ficent（做），联想一个宏伟的建筑，绘制成思维导图……

听觉：强调单词重音位置，相关歌曲片段播放，造句和朗读练习……

动觉……触觉……嗅觉……

扫码查看
DeepSeek 完整回答

提示：AI每次创作都独一无二，欢迎你亲自体验，获得专属于你的精彩回答！

试着像米米一样用多种感官一起记忆单词，看看效果如何吧。

● 间隔重复法的应用 —— 科学复习计划

科学的间隔重复计划：根据艾宾浩斯遗忘曲线设计的复习时间表，能最大限度防止遗忘。

※ 实战案例：唐朝历史的间隔复习计划 ● ● ●

米米向DeepSeek提问：请根据艾宾浩斯遗忘曲线，帮我设计一个关于唐朝历史知识的复习计划。

DeepSeek给米米提供了科学的复习建议：

目标： 帮助学生在一周内高效复习唐朝历史知识，克服遗忘，巩固记忆。

复习方法： 根据艾宾浩斯遗忘曲线，在以下时间点进行复习：

第一次复习： 学习后 5~10分钟

第二次复习： 学习后 24小时

第三次复习： 学习后 1周

复习内容：

Day 1： 唐朝建立与贞观之治

上午：

学习：唐朝建立背景、过程，李渊、李世民简介。

复习方法：阅读教材，观看相关视频，制作时间轴。

下午：

复习：唐朝建立过程，李渊、李世民的主要功绩。

复习方法：默写时间轴，回答相关问题。

晚上：

学习：贞观之治的背景、主要内容、历史意义。

复习方法：阅读教材，整理笔记，绘制思维导图。

Day 2： 唐朝的政治制度……

扫码查看
DeepSeek 完整回答

提示：AI每次创作都独一无二，欢迎你亲自体验，获得专属于你的精彩回答！

按照这个时间表复习，我发现知识真的在慢慢变成"自己的东西"了！

● **主动回忆法的应用 —— 思维导图与自测**

主动回忆的关键技巧如下。

◆ 思维导图：梳理知识结构，强化知识点之间的联系。

◆ 自测练习：主动从记忆中提取信息，而非被动阅读。

实战案例：生物知识的主动回忆

米米向DeepSeek提问：请为初中生物教材中的"植物的生长发育"创建一个思维导图框架。

DeepSeek很快就为米米提供了清晰的思维导图结构。

另外，我们在每次复习时，不要只是重读笔记，要尝试主动回忆和自测。试着合上书，看看自己能记住多少。研究表明，这样的记忆效果最好。

使用思维导图后，我不仅记住了知识点，还理解了它们之间的联系！而且通过自己尝试回忆，感觉知识记得更牢固了！

知识框

有效的记忆策略建立在对人类大脑工作原理的科学理解上。

① 记忆需要理解：单纯的死记硬背效率低下，深度理解内容是高效记忆的基础。

② 记忆需要系统：零散的知识点难以记住，将知识组织成有意义的结构能显著提升记忆效果。

③ 记忆需要方法：根据不同学科和内容的特点，选择合适的记忆策略。

④ 记忆需要复习：科学安排的间隔复习是抵抗遗忘最有效的武器。

⑤ 记忆需要应用：将知识应用到实际问题中是巩固记忆的最佳方式。

① 记忆不是目的，理解和应用才是学习的终极目标。

② 适当休息能提高记忆效率，避免过度学习导致的效率下降。

③ 均衡的饮食、规律的作息和适量的运动对增强记忆力至关重要。

④ DeepSeek可以辅助记忆，但真正的记忆过程必须发生在你的大脑中。

⑤ 培养对知识的好奇心和热情，加大情感投入能显著增强记忆效果。

⑥ 相信自己的记忆能力，积极的心态本身就能提高记忆效率。

4.1.4 思维突破：培养创造性解决问题的能力

我们身处信息爆炸的时代，仅仅掌握知识是不够的，真正的竞争力源于你对知识的独特理解和创新应用。爱因斯坦曾说想象力比知识更重要，因为知识是有限的，而想象力囊括世界的一切，推动进步，催生进化。下面就让我们一起来探索如何培养自己的想象力和创新力吧。

对呀，我就总觉得自己的作文很平淡，和别人写的都差不多。

这可能就是思维定式在作怪。我们往往被固定的思考方式束缚，很难跳出常规框架。

1.思维定式：创新的最大障碍

　　人类的大脑天生喜欢走捷径。我们总是倾向于使用曾经成功的思维模式解决新问题，这种倾向被称为"思维定式"。现实中，思维定式处处可见。

2.突破常规：创新思维方法与DeepSeek助力

● **水平思考法与多角度探索**

　　英国心理学家爱德华·德博诺提出的"水平思考"理论强调从多角度看待问题。与传统的垂直思考（逻辑、分析、批判）不同，水平思考鼓励我们探索问题的所有可能性，而不仅仅是寻找"正确"答案。

　　实践方法：面对问题时，尝试提出至少三种完全不同的解决方案，即使其中一些看起来不太实际。

※ 实战案例 ● ● ●

米米向DeepSeek提问：请问如何用水平思考法重新思考"减少塑料污染"这个问题？

DeepSeek回答：

1.挑战假设：开发可食用包装、可溶解包装或可堆肥包装……

2.寻找替代方案：探索蘑菇菌丝体、海藻或植物纤维等生物基材料作为塑料替代品（用其他材料替代塑料）

3.反向思考：设计可升级回收的塑料，使其能被反复利用，或赋予废弃塑料新的用途（减少污染不如增加价值）

4.联想与类比：模仿自然界，开发能够分解塑料的酶或微生物
（自然界如何处理"废物"）

......

这些角度我从来没想过！这些想法也太有创意了吧。

● **逆向思维法与问题重构**

"逆向创新"理论认为，颠倒问题常常能产生意想不到的解决方案。不是问"如何解决这个问题"，而是问"如何制造这个问题"或"这个问题的反面是什么"。

实践方法：尝试反转问题，如将"如何提高销售额"变为"什么会导致销售下降"，然后避免这些因素。

米米，如果想问 DeepSeek "如何记住更多单词"，该如何反转问题呢？

让我想一想……，那就问："如何让单词不容易被忘记？"

是的，DeepSeek 擅长逆向思考。有一次我问它"什么会让一场演讲失败"，它给我列出了 20 多个失败因素，让我明白了成功演讲的各个关键点。

● 跨领域思维与知识连接

在日常学习和生活中，真正的创新常常发生在不同学科的交叉地带。将一个领域的原理应用到另一个看似不相关的领域，往往能产生革命性的突破。

实践方法：学习新领域的基础知识，思考它如何与你的学习和生活领域结合。

※ 实战案例

米米困惑地说：我在学习生物膜的结构，但觉得很难理解。

小K建议：试着从跨领域角度思考，让DeepSeek帮你把生物膜比作我们熟悉的事物。

米米向DeepSeek提问：我在上初一，正在学习生物膜结构，感觉很难理解，请你试着从跨领域角度思考，帮我把生物膜比作我熟悉的事物，让我理解。

DeepSeek回答：

1.生物膜比作"城市交通系统"

道路：磷脂双分子层就像城市的主干道，为物质提供通道。

车辆：蛋白质就像各种车辆，有的负责运输（载体蛋白），有的负责传递信息（受体蛋白）。

交通信号灯：胆固醇就像交通信号灯，调节膜的流动性和稳定性。

2.生物膜比作"智能手机"

屏幕和外壳：磷脂双分子层就像手机的外壳和屏幕，保护内部结构。

应用程序：蛋白质就像手机里的各种应用程序，有的负责通信（信号传递），有的负责存储（物质运输）。

电池：胆固醇就像手机的电池，提供能量并维持系统的稳定运行。

哇！用城市交通系统来理解细胞膜，突然一切都明白了！

　　研究表明，持续的创新思维训练可以显著提高创造力水平。在学习和生活中，DeepSeek可以随时随地成为我们的创新思维教练。在训练的过程中，我们就在逐步培养独特的思考方式，让自己的想法能真正与众不同。在AI时代，最强大的能力不是记忆或计算，而是创造性思考——这正是AI可以增强但无法替代的人类核心能力。

【小D和小K的温馨提示】

① 创新思维可通过练习培养。

② 警惕思维定式！遇到问题时，主动问自己还有其他可能性吗？

③ DeepSeek助力创新：提出假设性问题，尝试多领域视角，分析思维过程而非求答案。

④ AI是创意助手而不是替代品，创新能力是人类核心竞争力。

我已经掌握了很多学习技巧，可为什么还是感觉乱糟糟的？明明很努力却效果不明显……

没错，这就是我们今天要聊的"学习方法论"。掌握了它，你就能把零散的学习技巧组织成体系，让学习更有条理、更高效。

因为你还缺少一套完整的"学习操作系统"啊，就像计算机需要系统才能高效运行一样。

完全正确！而这套方法论的第一步，就从改变你做笔记的方式开始……

就像把拼图放到正确的位置那样？

4.2.1 神奇笔记法：知识整理新方式

你看我记了这么多，复习时却找不到重点，感觉就像抄了一遍教材……

典型的"抄写型笔记"困境。你知道吗？有效的笔记不在于数量，而在于如何组织信息，达成目标。

那笔记的真正目的是什么呢？

1.笔记的科学价值

笔记不仅仅是为了记录信息，更是一种强大的学习工具。科学研究表明，做笔记具有以下科学价值。

◆ 编码效应：当我们用自己的方式记录信息时，大脑会进行深层次处理，加深理解和记忆。

◆ 外部存储：笔记作为知识的外部存储系统，减轻了记忆负担，让我们能够回顾和检索信息。

◆ 组织整合：将零散知识点重新组织，建立知识间的联系，形成完整的知识网络。

这么说来，大多数学生做的笔记只发挥了"外部存储"的功能，而他们却没有真正利用笔记促进思考。

那什么样的笔记方法才算好呢？

下面我来介绍几种经过科学验证的高效笔记法吧！

2.神奇笔记法大揭秘

方法	基本结构	适用场景	主要优势
康奈尔笔记法	» 笔记区（右侧大区域）：记录主要内容 » 线索区（左侧窄区域）：记关键词、问题 » 总结区（底部）：个人总结与反思	» 课堂笔记 » 讲座记录 » 教材学习	» 结构清晰 » 便于复习 » 促进批判性思考 » 适合考试准备
思维导图法	» 中心概念放在中间 » 相关概念像树枝向外扩展 » 使用色彩、图像增强视觉效果	» 头脑风暴 » 复杂概念理解 » 项目规划 » 内容概览	» 直观展示知识关联 » 符合大脑自然思维 » 促进创造性思考 » 便于整体把握

方法	基本结构	适用场景	主要优势
大纲笔记法	» 使用数字、字母标记层级 » 主题—副主题—细节的树状结构 » 通过缩进表示从属关系	» 逻辑性强的内容 » 历史事件梳理 » 科学原理学习 » 论文写作准备	» 层次分明 » 结构严谨 » 便于内容的扩展 » 适合线性思维者
SQ3R阅读笔记法	» 浏览（Survey）：快速预览 » 提问（Question）：提出问题 » 阅读（Read）：寻找答案 » 背诵（Recite）：复述要点 » 复习（Review）：总结连接	» 教材阅读 » 深度文章理解 » 研究资料学习 » 考试备考	» 提高阅读理解能力 » 增强记忆保留 » 主动学习参与 » 系统化学习过程

※ 知识窗

笔记方法如同工具箱中的不同工具，每种都有其独特的优势。康奈尔笔记法的结构清晰，思维导图法直观连接，大纲笔记法层级分明，它们各有所长。

选择笔记方法时，考虑以下关键因素：

① 你的学习风格：喜欢图像思考还是线性梳理？

② 学科特点：文科史论可能适合大纲，理科公式适合结构化表格。

③ 实际效果：用了之后是否真的帮你理解和记忆了知识。

记住，最好的笔记方法不是最复杂的，而是你能坚持使用并从中受益的那一种。你甚至可以结合多种方法的优点，创造专属于你的笔记系统。重要的不是形式，而是这种方法能否帮你更好地掌握知识。

3.DeepSeek助力，三个妙招打造自己的笔记系统

那现在我该怎么开始呢？

其实让 DeepSeek 来帮助你，不需要太复杂的步骤。从最简单实用的地方开始吧！

对，关键是解决你真正的困难点，而不是追求完美笔记。

● **妙招一：找出知识框架**

当我们面对一大章内容不知从何下手时，就先建立知识框架。

◆ 向DeepSeek提问：**请帮我整理《初中生物必修一》第×章的知识框架。**

◆ 在笔记本第一页画出这个框架，作为你的"导航图"。

◆ 根据框架，有针对性地记笔记。

嗯嗯，这样我一眼就能看出哪些是重点内容了！

● **妙招二：搞定难懂概念**

当我们遇到教材中解释不清或太抽象的概念时，可以这样做：

◆ 问DeepSeek：请用简单的语言和生活例子解释"光合作用"这个概念。

◆ 把DeepSeek给的通俗解释和例子记在笔记旁边辅助理解。

◆ 试着用自己的话总结这个概念。

哦！原来这样我就可以在第一时间把难懂的概念消化吸收了，太棒啦！

● **妙招三：笔记内容查漏补缺**

当我们担心自己的笔记有遗漏或错误时，可以这样做：

◆ 完成笔记后，向DeepSeek提问：请问八年级物理的"牛顿运动定律"的重要概念有哪些？我应该注意什么关键点？

◆ 对比自己的笔记，看是否有遗漏的要点。

◆ 用不同颜色的笔在笔记上补充缺失的内容。

DeepSeek 不会代替你做笔记，而是帮你查漏补缺，确保笔记质量。

哇，这样简单几步，笔记就变得清晰又实用了！

4.给不同学科的小建议

在面对不同学科时，选择笔记的方式也可以是不一样。

◆ 语文文言文：可以用DeepSeek帮你整理重点字词的解释和翻译对照。

◆ 历史：DeepSeek可以帮你梳理事件的时间线和因果关系。

◆ 物理化学：向DeepSeek请教概念之间的联系，画成简单的关系图。

◆ 生物：用DeepSeek将复杂过程拆解为简单的步骤图。

原来不是所有科目都适合用同一种笔记方法啊！

是的，虽然 DeepSeek 能帮我们建立更好的笔记系统，但做笔记的关键还是自己动手整理和思考哦。

【 小D和小K的温馨提示 】

① 笔记是帮助理解和记忆的工具，实用比完美更重要。

② 用DeepSeek辅助笔记，而不是完全依赖它。

③ 每次只改进一个方面，不要试图一步到位。

④ 动手写很重要，不要只看DeepSeek的回答。

⑤ 不同时期调整你的笔记方法，没有一成不变的最佳方式。

⑥ 定期回顾和整理笔记，比一味地记录更有价值。

⑦ 先从最困难的科目开始改进笔记方法，效果会更明显。

4.2.2 错题本升级：让错题变成进步阶梯

1.错题本：被误用的学习宝藏

在我们的书包里，都藏着一本错题本 —— 这是一本记录着考试和作业中出错题目的笔记本。它啊，本该是学习路上的宝贵资源，却常常沦为"错题收藏夹"，记了又忘，抄了又错，变成"负担"。

你知道吗？我们使用错题本通常存在三大问题：简单抄题不分析，错题堆积无分类，复习随机无计划。所以，自己明明花了很多时间整理错题，却没能从中获得真正的进步。

我又中招了~

其实错题不仅仅是答错的题目，更是发现自己知识漏洞的窗口。每一道错题背后，都隐藏着需要强化的知识点或思维方式。

没关系，米米，我们现在就把错题本升级吧！

2.米米的错题本升级四步法

● **步骤1：系统分类归档**

为了方便以后学习和复习，米米先用简单的方法给每道错题标记四个类别。

◆ 知识点错误：概念理解有误或记忆不准。

◆ 解题方法错误：选择了错误的解题路径。

◆ 计算粗心错误：计算或转抄过程出错。

◆ 综合应用错误：多知识点融合运用困难。

● **步骤2：深度分析错因**

对于每道错题，米米不再简单抄写，而是让DeepSeek像老师一样帮自己进行深度分析。

◆ 自己先在错题旁标注具体的错误点和原因。

◆ 向DeepSeek提问：请你分析这道数学题，看看我的解题过程中哪一步出了错，可能的原因是什么？

◆ 将DeepSeek提供的思路与自己的思路对比，找出关键差异，做好补充。

● **步骤3：关联知识体系**

米米发现单独记录错题效果有限，很多题目都是多个知识点之间的综合，于是她尝试将错题与教材知识之间建立联系。

◆ 米米继续追问DeepSeek：这道数学题涉及的核心知识点是什么？它在教材中与哪些概念相关联？

- ◆ 根据回复，米米在错题旁标注对应的教材章节和相关知识点。

- ◆ 当发现知识点理解模糊时，立即采取针对性复习，巩固记忆。

- ◆ 定期整理这些知识模块的错题，逐渐形成知识之间的关联链条。

● **步骤4：制订复习计划**

米米根据艾宾浩斯遗忘曲线，为错题安排了科学的复习时间（可参考4.1.3中所讲的间隔重复法）。

- ◆ 当天再次独立完成一遍。

- ◆ 一周内复习一次。

- ◆ 一个月后再次检验。

- ◆ 考前系统性复习。

3.不同学科的错题分析策略

学科	分析重点	典型问题	DeepSeek助力方式
数学	关注解题思路和方法选择	公式套用错误 条件分析不全 特殊情况遗漏	提供不同解法对比
	分析逻辑推理过程中的缺陷		指出思维跳跃点
语文	聚焦理解偏差和表达不足	文言实词误解 中心思想偏离 写作立意不清	提供词义辨析
	注重积累和迁移		分析作者写作意图和表达技巧
理科综合	注重概念准确性和应用能力	概念混淆 条件转化错误 公式适用范围误判	澄清概念边界
	建立知识间的联系		展示知识应用场景

正如教育心理学家布鲁姆所言："了解自己的错误模式，比掌握更多知识点更能提高学习效率。"通过DeepSeek的分析辅助，就像拥有了一位能随时随地帮助我们的老师一样，每个人都有了将错题转化为自己个性化的学习资源的能力。

【小D和小K的温馨提示】

① 质量优先：深入分析少量错题比粗略记录大量错题更有效。

② 即时处理：当天解决错题，不要积压。

③ 关注进步：定期回顾已攻克的错题类型，肯定自己的进步。

④ 避免情绪化：错题是学习资源，不是失败的证明。

⑤ 建立习惯：在固定时间整理和复习错题本。

4.2.3 攻克弱点：把短板变成强项

每个人都有"难啃的骨头"。

是不是有些科目让你特别头疼？可能是总也搞不懂的数学公式，或者是怎么也记不住的英语单词，也许是看了又看还是一头雾水的物理概念。别担心，这很正常！

这些学习中的"拦路虎"不是你不够聪明的证明，而是告诉你："嘿，这里有成长的机会！"就像运动员知道哪块肌肉需要加强训练一样，找到学习弱点其实是件好事。

> 找到弱点只是第一步，关键是用对的方法攻克它。
> 就像修理自行车，你得先知道哪里坏了，然后用对工具才能修好。

1.刻意练习：从弱到强的超级武器

你有没有想过为什么有些人能把弱项变成强项？秘密就在于"刻意练习"。这不是简单的重复，而是有技巧的针对性训练。这种学习方法有以下四个特点。

◆ 对症下药：专门针对你的弱点练习，不是漫无目的地刷题。

◆ 及时纠错：马上知道自己做得对不对，立刻改正。

◆ 稍微超越：难度比你现在的水平稍高一点，有挑战但不至于太难。

◆ 边做边想：不只是机械训练，还要思考为什么、怎么做得更好。

2.米米的刻意练习五步法

● **步骤一：找出"真凶"**

米米的物理成绩一直不理想，但她没有简单地叹气"我不适合学物理"，她决定找出真正的原因。

◆ 她收集了最近做错的物理题，发现大多数都是力学问题。

◆ 她把题目上传至DeepSeek并提问：我在做这些物理力学题时总是出错，请你分析一下可能是什么原因。

◆ 分析结果让她恍然大悟：问题不在于记不住公式，而是不会分析受力情况！

> 我终于找到了"真凶"——原来我需要提升的不是记忆，而是要重点学习"受力分析"。

● 步骤二：拆解大问题

找到弱点后，米米没有立刻开始疯狂刷题，而是先把这个大问题拆小。

◆ 她继续问DeepSeek：在解答物理力学题时，受力分析这项能力包含哪些基本步骤？

◆ DeepSeek给出的答案让她清晰许多：确定研究对象→隔离研究对象→画出受力图→标出力的方向→建立坐标系→分解力……

◆ 通过自测，她发现自己总是卡在"如何正确分解力"这一步。

> 这就像拆解一个大怪兽，找出它最薄弱的部位，然后集中火力攻击！

● 步骤三：阶梯式训练

针对"力的分解"这个弱点，米米给自己设计了由浅入深的练习。她让DeepSeek帮忙：**请帮我设计一系列初中物理力学部分从简单到复杂的有关"力的分解"的练习题。**

◆ **第一阶段：只练习水平和垂直方向的力分解（基础题）。**

◆ **第二阶段：各种角度的力分解（中等难度和较难的题）。**

◆ **第三阶段：多个力同时作用时的分解（综合题和挑战题）。**

扫码查看
DeepSeek 完整回答

提示：AI每次创作都独一无二，欢迎你亲自体验，获得专属于你的精彩回答！

这种"小台阶"训练法让米米不会因为太难而放弃，每迈上一步都让她更有信心继续挑战。

● 步骤四：立刻知道对错

练习中，米米确保每做完一道题就立即检查。

◆ 把解题过程上传至DeepSeek并提问：**请看看我的分析哪里有问题？**

◆ 根据DeepSeek的建议立即改正，不让错误的思维方式在头脑中生根。

◆ 她还总结出自己常犯的错误，记录下来经常翻看，防止再犯。

对呀，这就像学打篮球，投篮后立刻知道球有没有入网，才能快速调整下一次投篮的姿势和角度。

● **步骤五：温故而知新**

为了巩固提升，米米采用了系统的复习策略。

◆ 在时间上：米米给自己安排了定期复习，避免刚学会就忘掉。

◆ 在内容上：米米找到了新情境来应用这项能力，比如她会问DeepSeek"生活中有哪些地方用到了力的分解原理"。

◆ 米米把这项能力与其他知识点连接了起来，形成知识网络。

米米你真厉害！谁能想到以前你一看到这类题就发愁？现在你不仅不怕它们了，好像还挺享受解决这些问题带来的成就感呢！

是啊！我现在才发现，那些吓得我直发抖的难题，其实就是纸老虎嘛！只要找对方法刻意练习，坚持下去，再难的知识点也能一步步征服。感觉特别有成就感！

3.攻克不同科目弱点的绝招

● **语文**

◆ 常见弱点：词汇量小，语法混乱，阅读理解困难。

◆ 克服秘诀：分类记忆词汇，寻找语法规律，多角度理解文章。

◆ DeepSeek助力：生成个性化词汇练习，解析句子结构，提供阅读理解技巧。

● **数学**

◆ 常见弱点：概念模糊，解题思路卡壳，计算出错。

◆ 克服秘诀：画图理解概念，拆解解题步骤，专项练习薄弱算法。

◆ DeepSeek助力：提供形象化解释，展示多种解法，设计针对性练习。

● **英语**

◆ 常见弱点：单词记不住，语法规则混淆，听力跟不上。

◆ 克服秘诀：联想记忆法，语法规则分类，听力场景训练。

◆ DeepSeek助力：创建记忆链接，简化语法解释，推荐适合的听力材料。

※ 心态调整：攻克弱点的"强心针" ● ● ●

攻克弱点时，你的心态比方法更重要！记住以下这几点。

① 把弱点当作"成长点"：就像游戏升级打怪一样，每克服一个弱点就会变得更强。

② 设定小目标：不要期待一夜成才，设定合理的小目标，一步一步前进。

③ 关注进步而非完美：记录每一点进步，而不是苛求自己样样都要满分。

④ 失败也是学习：每次犯错误都是发现问题的机会，不要害怕犯错。

科学研究也发现，相信"能力可以通过努力提升"的学生，比相信"能力是天生固定的"的学生更容易攻克弱点。

4.弱点变强项：蜕变的奥秘

通过正确的方法攻克的弱点往往会变成你的特长！为什么呢？

◆ 你为了克服它付出了比别人更多的思考和努力。

◆ 在攻克过程中，你培养了超强的解决问题的能力。

◆ 你对这个领域的理解比只是轻松学会的人更深入。

当你不再逃避弱点，而是用科学的方法面对它时，每一个让你头疼的科目都可能成为你未来的"拿手好戏"！

【小D和小K的温馨提示】

① 一次只攻克一两个弱点：不要贪多，集中火力更有效。

② 创造专注的环境：找个安静、不受打扰的地方练习。

③ 短时高频练习：每天20分钟比每周一次长时间练习的效果更好。

④ 记录进步：用小本子或App记录每天的进步，哪怕很小。

⑤ 适当奖励：达成小目标就给自己一点奖励，保持动力。

4.2.4 复习计划：让知识记得更牢固

啊！期末考试快到了，这么多知识点要复习，我脑子都要炸了！感觉之前学过的东西，现在都想不起来了……

别担心！我可以帮你用 DeepSeek 生成一份超酷的复习计划表，按时提醒你复习，就像有了专属记忆管家！

对，我之前学过艾宾浩斯遗忘曲线和间隔记忆法！但具体该怎么制订复习计划呢？

等等，复习可不只是机械地反复看书，而是需要科学规划的。我们已经了解了记忆规律，现在来看看如何运用这些规律制订高效的复习计划吧。

1.复习计划的重要性

良好的复习计划是高效学习的关键。科学研究表明，有计划的复习比随机复习能提高至少30%的记忆效果。一个优秀的复习计划能够：

- ◆ 最大化利用有限的学习时间。
- ◆ 确保关键知识点得到充分巩固。
- ◆ 减轻考前焦虑和紧张的情绪。
- ◆ 建立长期记忆而非短期应试。

我们在之前的章节学过记忆的规律，这些规律告诉我们及时复习可以显著减缓遗忘速度。现在的关键是，如何将这些理论应用到实际复习中去。

2.高效复习的三个层次

真正有效的复习不仅仅是简单地重读材料，而是包含三个递进的层次。

层次	目的	具体方法	作用
回顾	快速浏览之前学过的内容，唤醒已有记忆	» 翻阅笔记 » 查看重点标记 » 浏览章节小结	激活相关知识网络，为深度复习做准备
理解	深入思考知识点之间的联系，理解概念的本质和应用场景	» 自问自答 » 概念图构建 » 知识点关联分析	强化理解，建立知识间的逻辑联系
应用	将知识应用到实际问题解决中	» 做习题练习 » 教授他人 » 实际操作/实践 » 案例分析	形成最牢固的长期记忆，达到真正掌握的效果

原来复习也有不同的层次！我以前只是反复看书，难怪效果不好。

3.不同学科的复习策略

我们学习的每个学科都有其独特的知识结构和学习特点，因此复习策略也是有所区别的。

● 数学复习小技巧

复习要点	具体应用
画思维导图	把数学知识像地图一样画出来，看清楚哪些内容是连在一起的。例如，把"三角形"和相关的所有公式画在一张纸上
理解公式	不要只背公式，要懂为什么！就像不光知道游戏规则，还要明白为什么这样设计
循序渐进做题	先做简单题找自信，再挑战难题。就像先学走，再学跑
收集错题	把做错的题集中起来，找出自己"总是在哪里摔跤"，下次就能避开这些"坑"
模拟考试	给自己来场"彩排"，按考试时间做题，熟悉考试节奏

● 语文复习小技巧

复习要点	具体应用
古诗文分类记	把表达类似感情的古诗放在一起记，比如"思乡"的诗、"写景"的诗，这样记忆更轻松
文学知识	做小卡片记重点，正面写作者名，背面写作品和特点，像收集游戏卡牌一样有趣
阅读技巧总结	找出不同类型文章的"套路"，记下回答问题的方法，有点像总结游戏攻略
写作素材收集	收集好词好句，分类整理成"写作素材库"，写作时就有"武器库"可用
改写练习	试着改写名家文章或模仿写作，就像跟着高手学舞步

● 英语复习小技巧

复习要点	具体应用
单词分组记忆	把相关单词放一起记，比如"食物类""学校用品类"，或相同前缀的单词一起记
语法规则图解	把复杂语法画成简单图表，一目了然，就像游戏攻略图
听说读写全练习	每天安排时间练习听力、口语、阅读和写作，就像健身要全身锻炼
生活中用英语	把英语用在实际生活中，比如用英语描述自己的一天、写日记或看英文视频
模拟测试	做真题感受考试难度，找出自己的弱项，就像打游戏前先了解关卡

● 理科类学科复习小技巧

复习要点	具体应用
弄清核心概念	确保对重要概念真正理解，不是背定义。比如不仅知道"光合作用"的名字，还了解它的过程
画图理解原理	把复杂过程画成简图或流程图，就像画漫画版的科学原理
回顾实验步骤	重新想一遍实验过程，理解每一步的目的，就像回放游戏实况
知识点连线	找出不同章节内容的联系，比如"电"和"磁"如何相关，建立自己的"科学网络"
实际问题练习	解决与现实生活相关的问题，像侦探一样运用科学知识破案

注意：选择你最适合的方法尝试，不必每个都用。找到适合自己的才最重要！

还有一个助力呢，DeepSeek 可以根据学习的科目，帮助我们生成符合这些策略的复习建议哦！

哇，这些策略太全面了吧！

4.DeepSeek辅助制订复习计划

DeepSeek能够结合我们每个人的学习特点、考试科目和时间安排，生成更适合自己的个性化的复习计划。

● 第一步：找出你的学习优缺点

传统方法	用DeepSeek辅助的方法
自己翻看教材大纲，检查知识点	» 操作举例：打开DeepSeek，输入"请帮我测试初三数学函数章节的掌握情况" » DeepSeek会生成10多道核心考点的测试题 » 答完题后，将答案上传，DeepSeek会对你的答案和解题过程进行分析和判断，给出你的优势、薄弱点和建议
自己做练习题找弱点	» 操作举例：上传自己的多道错题照片并向DeepSeek提问"请帮我分析我的这些错题的共同问题" » 实例结果：DeepSeek会指出错题的共同问题，并给出总结和归纳，最后给出解决方案
回顾过去的考试成绩分析	» 操作举例：输入"我的语文作文一般得15分（满分30分），请帮我分析具体的原因" » 实例结果：DeepSeek会帮你列出可能的问题点，如"审题偏差、结构混乱、内容空洞、语言粗糙"等，帮你精准找出弱项，并给出一些提分策略

● 第二步：设定清晰的目标

传统方法	用DeepSeek辅助的方法
自己设定学习目标	» 操作举例：告诉DeepSeek"初一，快期末考试了，我想在三周内提高英语阅读理解能力，目前正确率约60%" » 实例结果：DeepSeek会帮你拆分成每周目标，"第一周……，第二周……，第三周……"
凭感觉判断目标难度	» 操作举例：问DeepSeek"我想两天内掌握所有几何证明方法，这个目标合理吗？" » 实例结果：DeepSeek会评估难度并回答"想在两天内掌握所有几何证明方法是不现实的，但通过合理的策略突击核心方法、快速提升应试能力是可行的。以下是针对紧急情况的建议……"
笼统地记录目标	» 操作举例：向DeepSeek提问"马上就初一期末考试了，请帮我制订背诵《红楼梦》重要人物关系的具体计划" » 实例结果：DeepSeek会给出时间表，"第一天 掌握核心人物及关系网……，第二天 经典情节锁定人物关系……"

● 第三步：科学安排复习时间

传统方法	用DeepSeek辅助的方法
自己安排复习顺序	» 操作举例：告诉DeepSeek"还有两周初一期末考试，我周一到周五每天有2个小时复习时间，要复习语文、数学、英语和物理，请问我如何安排时间更好" » 实例结果：DeepSeek会根据科目特点给出交叉复习时间表，让记忆更高效
按课本顺序复习	» 操作举例：告诉DeepSeek"我的化学成绩较差，请给我一个复习元素周期表的最佳顺序和流程" » 实例结果：DeepSeek会给出科学的建议（理解元素周期表的结构→掌握周期和族的规律→熟悉重要元素的性质→联系实际应用→综合练习与巩固）
凭感觉决定复习时长	» 操作举例：问DeepSeek"我精力最好的时间是早上6:30-8:00，这段时间适合复习什么内容" » 实例结果：DeepSeek会建议这段黄金时间用来学习最难的内容或记忆性内容

● 第四步：给复习内容分类排序

传统方法	用DeepSeek辅助的方法
自己判断内容的重要性	» 操作举例：上传历年考试真题，问DeepSeek"分析这些题目，帮我找出高中物理最常考的10个知识点" » 实例结果：DeepSeek会统计并列出高频考点，如"功和能、牛顿定律、电磁感应"等
不确定的复习频率	» 操作举例：告诉DeepSeek"我已经基本掌握了初中代数，但几何证明还很弱，请给我制订这两部分合理的复习频率" » 实例结果：DeepSeek会给出适合你的各知识点复习频率

传统方法	用DeepSeek辅助的方法
平均分配复习时间	» 操作举例：告诉DeepSeek"我英语单词记忆不好，语法还行，阅读很弱，请分配我的复习时间" » 实例结果：DeepSeek会给出时间分配原则 * 单词为主，阅读为辅：单词是阅读的基础，优先提升词汇量。 * 循序渐进：从基础单词和简单阅读材料开始，逐步提升难度。 * 结合运用：通过阅读巩固单词和语法。 * 每天做……每周要……每个月……

● 第五步：检验复习效果并调整

传统方法	用DeepSeek辅助的方法
自己找题目检测	» 操作举例：告诉DeepSeek"我初三了，刚复习完数学函数与导数章节，请出5道测试题检验我的掌握情况" » 实例结果：DeepSeek会根据该章节的核心知识点出题，并能分析你的答案
凭感觉评估是否进步	» 操作举例：每周告诉DeepSeek"这周我复习了牛顿运动定律，做对了8/10的题，请评估我的掌握程度和下一步计划" » 实例结果：DeepSeek会分析你的情况，告诉你哪里做得好，哪里可以再提高，让你的学习更有方向
按部就班的复习计划	» 操作举例：告诉DeepSeek"我发现我的英语听力提升很慢，请调整我的学习方法" » 实例结果：DeepSeek会根据你的情况推荐新方法供你选择和改进

※ 使用 DeepSeek 的小技巧

① 越具体越好：告诉DeepSeek你的具体情况，如"我初三，下周期中考试，数学几何不好"，而不是简单地说"帮我复习"。

② 上传资料：可以上传你的错题、笔记或试卷，DeepSeek分析后能给出更精准的建议。

③ 随时调整：每完成一阶段学习，告诉DeepSeek结果，它会帮你调整下一步计划。

④ 提问要具体：问"如何用思维导图记忆生物细胞结构？"比问"如何学好生物？"更能得到有用的回答。

⑤ 测试理解：复习后问DeepSeek"请用5个问题测试我对光合作用的理解"，检验复习效果。

米米，方法本身不是关键，选择适合的方法帮助自己提升学习的效果才是关键哦！

复习也不是简单地重复，而是要深入理解、建立联系、实际应用。有计划地复习才能事半功倍。

我明白了，学习是很个人化的事情。关键是要了解自己的学习风格，找到适合自己的方法，再加上有计划、有深度的复习。从今天开始，我要制订属于自己的复习计划啦！

【小D和小K的温馨提示】

① 制订复习计划时要留有弹性，不要排得过满，给自己留出调整的空间。

② 定期总结复习成果并调整计划，不要死板执行，要根据实际情况灵活应变。

③ 利用碎片时间进行记忆类的复习，如单词、公式等，这样能提高时间利用效率。

④ 选择安静的复习环境，远离手机等干扰源，每次专注复习25~30分钟最为高效。

⑤ 复习时搭配适当的运动和休息，让大脑保持在最佳工作状态。

⑥ 根据精力状态合理分配任务：精力充沛时攻克难点，精力一般时做练习题，精力低下时整理笔记，疲惫时及时休息。

⑦ 把握记忆的黄金时段：睡前复习和起床后复习是记忆效果最好的两个时间段。

⑧ 采用积极回忆法，合上书本后主动回忆内容，这样能有效强化记忆。

⑨ 尝试教学法，假装向他人讲解或实际讲解学习内容，便于发现知识盲点，加深理解。

⑩ 有效记忆不只靠简单重复，理解、联想和实际应用才是形成长时记忆的关键。

4.2.5 考试策略：考出好成绩的小技巧

明天就要期中考试了，我复习了好几天，可还是好紧张啊！

考试不仅考知识，也考策略和心态。我们今天就来聊聊如何在考试全过程中发挥出最佳水平吧！

别担心！
让我来帮你检查一下考试的准备情况吧！

1.考前准备 —— 打赢胜仗的基础

考试前的准备工作决定了你能否充分发挥实力。科学研究表明，适当的考前准备不仅能巩固所学的知识，还能显著降低考试焦虑。

● **高效冲刺复习**

考前1~3天是最后冲刺阶段，此时应当：

◆ **重点复习，不求全面**：集中精力在核心内容和易错点上。

◆ **回顾错题**：特别关注近期作业和模拟考试中的失误。

◆ **整体串联**：用思维导图或知识框架梳理学科的整体结构。

我总觉得考前时间不够用，想复习的内容太多了！

临近考前复习是查漏补缺，不是学习新内容。教育心理学研究表明，考前 24 小时内学习的新知识记忆效果较差，反而可能会产生干扰。

● 心理调节

考试焦虑会严重影响发挥。科学研究显示，中度焦虑的学生比高度焦虑的学生在同等知识水平下，考试分数平均高出15%。那怎么进行有效的心理调节呢？可以试试下面这些方法：

◆ 正向想象：想象自己沉着应对考试的场景。

◆ 调整期望：设定合理目标，不苛求完美。

◆ 放松训练：掌握深呼吸等简单的放松技巧。

※ 实践举例　　　● ● ●

米米向DeepSeek提问：马上就期末考试了，我紧张得睡不好，请问我该怎么调整自己的心理状态？

扫码查看
DeepSeek 完整回答

提示：AI每次创作都独一无二，欢迎你亲自体验，获得专属于你的精彩回答！

适度的焦虑其实是有益的，它能让你保持警觉，过度放松反而可能导致粗心，找到焦虑和放松的平衡点最重要。

● 物质准备

充分的物质准备能减少考试当天的意外状况。

◆ 考试用品清单：提前准备好所有必需品（准考证、文具、计算器等）。

◆ 衣物与食物：准备舒适的衣服、轻便的早餐、水。

◆ 交通规划：预估路程所需时间，预留充足时间。

※ 实践举例

米米向DeepSeek提问：明天我要参加六年级数学和英语的期末考试，请你帮我生成一份考试物品清单。

真的，这样准备好，考试我就再也不会丢三落四了。

2.考场应对 —— 临场发挥的艺术

● 黄金开局策略

考试开始的前5分钟极为关键，合理利用这段时间能显著提高后续表现。

◆ 快速预览全卷：了解题型分布、难度和分值。

◆ 规划答题顺序：决定先易后难还是按题号顺序。

◆ 时间分配：根据分值确定每部分题目的时间限制。

我每次考试都想从头做到尾，结果常常时间不够……

米米你要根据题型的分值分布控制答题时间哦！比如，选择题（20分）是占总分值（100分）的1/5，那就用总考试时间（60分钟）的1/5（12分钟）来解答，这样就有了掌控考试节奏的标准了。

还有，试卷预览也不只是看题目，也是在激活大脑中的相关知识。认知科学研究表明，这种"预热"可以提高我们的解题效率。

● 不同题型的制胜技巧

不同题型需要不同的应对策略。选择题的答题技巧如下。

- ◆ 排除法：先排除明显错误选项。

- ◆ 关键词分析：注意限定词，如"总是""可能"等。

- ◆ 做标记：不确定的题先做标记，稍后再解决。

解答题的答题技巧如下。

- ◆ 关注得分点：理解评分标准，确保得分要素完整。

- ◆ 清晰表达：条理分明地展示解题过程。

- ◆ 检查计算：留意常见计算错误和单位问题。

知己知彼，百战不殆。了解自己的答题模式，有针对性地改进，比漫无目的地刷题效果好得多。

哇，这太精准了！我确实经常因为这些小细节丢分。

● 应急处理策略

考试中可能会遇到各种突发情况，应对有方才能稳定发挥。

- ◆ 遇到难题：标记后先跳过，避免让自己陷入时间黑洞。

- ◆ 思维卡壳：改变原有思路或暂时转换题目。

- ◆ 时间紧张：保证有把握的题目得分，确保基本分不丢。

我们考试是要在有限的时间内尽量拿到更多的分数，千万不要因为深陷一道题而丢掉了更多的分数哦。

对呀，考试时的心态调整也很重要。当你遇到难题时，可以告诉自己："这题可能对所有人都难，我可以先拿到其他题目的分数"。这种自我对话能有效缓解焦虑。

3.考后复盘 —— 化考试为成长

考试结束不是终点，而是新的起点。系统的考后复盘能够将考试转化为提升的阶梯。

● 及时回顾

考试后的48小时内是记忆最清晰的时期，此时对考试进行回顾是最有效的。

◆ 记录考题：考完试立刻把记得的题目写下来，特别是那些不确定或觉得难的题。就像拍照记录重要时刻一样，这样做能让你以后复习时找到真正需要加强的地方。

◆ 自评答案：在看到标准答案前，先自己判断每道题可能得多少分，哪里做对了，哪里可能有问题。这种"自我判卷"能帮你发现自己的思维盲点，比单纯对答案更有价值。

◆ 情绪梳理：考试成绩只是学习过程的一个点，但不是终点。学会客观看待成绩，无论好坏都不过分情绪化，把每次考试都当作成长的阶梯，而不是判断自我价值的标尺。

> ※ **实践举例** ● ● ●
>
> 如果考试只上交了答题纸，那我们可以把手中的试卷原题上传给DeepSeek，让它给出试卷的正确答案。
>
> 米米向DeepSeek提问：这是我的期末考试试卷，请你给出这套试卷的标准答案。

● **错题分类与改进**

将错题进行科学分类，针对不同类型采取相应的对策。

◆ 知识点错误：基础知识不牢，需要重新学习。

◆ 解题方法错误：解题思路有误，需要掌握正确的方法。

◆ 计算出现错误：计算或审题失误，需要提高专注力。

◆ 综合应用错误：无法融会贯通多个知识点，需要加强知识连接和复杂问题训练。

注：具体可参考4.2.2所讲的操作方法。

● **考后复盘**

学会在考试结束后进行系统性复盘是我们学习成长的关键环节，考后复盘不仅要关注错题，还要对整个学习过程进行全面的评估。

◆ 记录考试体验：就像运动员看比赛录像一样，把你考试时的情况记下来 —— 哪些题目做得顺手，哪里卡壳了，时间是怎么用的，考试时心情如何，这些都值得记录。

◆ 识别模式和趋势：找出你多次考试中重复出现的情况，比如是不是总在某类题上丢分，或者每次都在考试后半段变得匆忙，这些反复出现的问题往往是最需要解决的。

◆ 制定改进策略：根据发现的问题，像制定游戏攻略一样，有针对性地调整你的学习方法 —— 可能是改变复习顺序，也可能是增加某类题的训练，为下次考试设定更清晰的目标。

我应该怎么根据这次考试调整我的学习计划呢？

我可以根据你的考试数据，自动生成下一阶段的学习计划！比如增加数学几何部分的练习时间，调整英语阅读的学习方法，甚至推荐最适合你的辅助资料。

记住，考试不是终点，而是检验和调整的工具。每次考试后的调整，才是真正的学习过程。

【小D和小K的温馨提示】

① 考试前一天做好物质和心理准备，合理安排最后冲刺，保证充足的睡眠。

② 进入考场先深呼吸平静心情，花2分钟浏览全卷再答题，科学分配时间。

③ 采用"先易后难"的策略，确保能拿到的分数一定要拿到。

④ 遇到紧张或卡壳时，尝试深呼吸、转换题目或积极自我对话。

⑤ 考试结束后48小时内回顾考题，分析错误模式而非简单重做。

⑥ 不同科目需要不同策略，理科注重解题步骤，文科关注关键词和结构。

⑦ 将考试视为学习旅程的一部分，而非终点，每次考试都是提升的机会。

⑧ 利用DeepSeek分析个人答题模式和时间分配，发现自己看不到的问题。

⑨ 考试成绩只是能力的一种体现，不代表个人价值，保持平和的心态最重要。

第 5 章

全科目
学习突破

5.1 语文能力进阶

　　语文，作为我们思想表达与知识获取的基础工具，往往让许多同学又爱又恨。它既是我们日常交流的载体，又是考试中的"拦路虎"。无论是构思一篇打动人心的作文，破解一段晦涩的文言文，还是在茫茫文字中准确把握阅读要点，都需要我们掌握一些应对语文特有的能力。

◆ 唉，又要写作文了，该从哪里下笔呢？

◆ 这篇阅读理解怎么做，完全不知道中心思想在哪里？

◆ 文言文的实词虚词让我头疼，背了又忘，忘了又背……

◆ 素材太少，写作文总是东拼西凑，感觉特别空洞……

　　这些困扰是否似曾相识？在本章，我们将与米米一起，运用DeepSeek的智能辅助，结合科学的学习方法，一一攻克这些语文学习中的常见难题。让我们先从最令人头疼的作文开始，看看如何让写作变得更加有趣且高效！

5.1.1 作文好帮手：让写作更高效

　　唉，老师布置的"我的理想"作文，我已经盯着这张白纸半小时了，一个字都写不出来！为什么别人写作文像流水一样，我却总是卡壳呢？

别担心！在这种情况下，直接让 DeepSeek 帮你生成一篇作文模板不就搞定了吗！两分钟内交付，省时又高效！

等等，小 D。虽然 DeepSeek 确实能帮助米米，但写作不仅是为了完成作业，更是表达自我、锻炼思维的过程。米米，你的困扰其实是很多同学都会遇到的。不如我们先一起分析一下，为什么写作会这么难？

对哦！我好多同学也说写作文特别痛苦。到底是哪里出了问题呢？

大部分同学面对作文时遇到的问题主要表现在"无从下笔""内容空洞""结构混乱"等。

1.无从下笔

每次看到作文题目，我脑子就像被清空了一样。特别是自命题作文，根本不知道该写什么，更别说怎么写了！

你知道吗，米米，很多著名作家也曾面临"白纸恐惧症"。这通常是因为我们对写作期望太高，或者思路太分散导致的。

● **传统方法**

◆ 使用头脑风暴法，在纸上记录与主题相关的词语和想法。

◆ 采用"五问法"：是什么、为什么、怎么样、有什么启示、有什么建议。

◆ 先写提纲，确定文章的大致结构再下笔。

真的吗？那他们是怎么解决的呢？

● **DeepSeek新三招搞定写作卡壳**

招数	具体做法	效果
灵感收集器	» 向DeepSeek提问：我想写一篇作文【题目】，请你给我5个不同角度的写作思路 » 从结果中选一个你最喜欢的角度	» 告别对着白纸发呆 » 快速找到写作切入点
思维导图法	» 向DeepSeek提问：我想写一篇作文【题目】，请你帮我列出思维导图框架 » 标出你最感兴趣的分支 » 根据这个导图框架写出自己的提纲	» 内容更丰富 » 结构更清晰
问题引导法	» 向DeepSeek提问：我想写一篇作文【题目】，请你帮我提出10个与主题有关的问题 » 回答你最有感触的3~5个问题 » 用你的回答组成文章	» 挖掘你的独特想法 » 让文章有自己的声音

① 加入你自己的故事：DeepSeek给的都是框架，记得填入你自己的经历！

② 灵活组合：可以先用灵感收集器→再用思维树→最后问题引导。

③ 随手记录：把DeepSeek给你的好灵感记到笔记本中，下次写作更轻松。

④ 你才是作者，DeepSeek只是你的助手！

我试了这个方法！我告诉 DeepSeek 我想写"成为一名科学家"的理想，它给我提供了好多个写作角度。我选了"科学启蒙"这个角度，想起了小时候做的那个小实验，我的思路就像打开了阀门一样，一下子通畅了！

2.内容空洞

有时候我能写出开头和结尾，但中间部分总是很空，只能不断重复相同的意思来凑字数，感觉特别没有说服力。

这个问题的本质是缺乏具体的事例和深入的思考。好的文章应该像一棵树，有主干（中心思想），有枝叶（具体事例和细节）。

没错！就像数据库需要足够的数据才能发挥作用一样，作文也需要足够的"素材数据"！

我明白了，是我平时积累的素材太少了，所以写起来才会觉得空洞。那我如何才能积累那么多素材呢？

● 传统方法

◆ 平时建立素材本，记录生活中的所见所闻。

◆ 多阅读，从书籍、报刊中摘抄好词好句。

◆ 学习"例证法"，每个观点至少配一个具体事例。

● DeepSeek新三招丰富作文内容

招数	具体做法	效果
名人案例收集器	» 向DeepSeek提问：我想写一篇作文【题目】，请提供3~5个与【题目】相关的名人故事或经典案例 » 选择最打动你的案例	» 增加文章说服力 » 让例子更丰富
细节放大镜	» 向DeepSeek提问：我想写一篇作文【题目】，现在有一个【自己的案例故事】，请你帮我丰富这个故事的细节和情感描写 » 从结果中挑选有画面感的描写加入自己的文章中	» 让故事更生动 » 增强画面感
素材分类器	» 向DeepSeek提问：请帮我整理有关【友谊】的作文素材，并分成不同类别 » 保存这些分类好的素材，并定时翻看	» 建立个人素材库 » 写作时不再没话说

① 个人化处理：DeepSeek提供的素材要用自己的语言重新表达。

② 选择适量：一篇作文用2~3个例子就够了，质量比数量重要。

③ 情感共鸣：选择你真正有感触的素材，这样写出来才真实。

④ 好的素材只是原料，你的思考才是灵魂！

我在写"坚持的力量"时用了这个方法。DeepSeek 不仅提供了爱迪生、霍金等名人事例，还帮我想到了奥运健儿和社区志愿者的例子。我从中选了两个最打动我的，再加上我自己坚持练琴的经历，文章一下子丰富多了！

3.结构混乱

我写作文经常东一句西一句，想到什么写什么，最后读起来特别乱，自己都搞不清在说什么了。

文章结构混乱，就像没有地图的旅行，容易迷路。良好的结构是清晰表达的基础。

没错！就像编程需要清晰的算法流程，写作也需要明确的结构框架！

原来文章也需要"规划图"啊！但怎么做这个规划呢？

● 传统方法

◆ 学习基本的文章结构：开头、主体、结尾。

◆ 采用"总—分—总"结构或"提出问题—分析问题—解决问题"结构。

◆ 使用过渡词连接段落，增强连贯性。

● DeepSeek新三招搞定作文结构混乱

招数	具体做法	效果
结构模板生成器	» 告诉DeepSeek你的作文主题 » 提问：请给我2~3种适合这个主题的文章结构 » 选一个你最容易理解的结构	» 告别无序思维 » 让文章有明确框架
段落连接器	» 继续向DeepSeek提问：请提供10个好用的过渡句或连接词 » 在段落之间使用这些过渡语句 » 确保文章流畅自然	» 段落衔接更流畅 » 阅读体验更舒适
结构检查官	» 写完初稿后，把文章上传至DeepSeek » 提问：请检查我的文章结构并给出改进建议 » 根据建议修改文章	» 发现逻辑漏洞 » 优化整体结构

① 先定框架再写作：有了清晰的结构，写作会更有方向感。

② 简单实用为主：选择你真正理解的结构模板。

③ 适当调整：对于DeepSeek的建议可以根据自己的喜好灵活采用。

④ 好结构就像衣架，让你的思想整齐挂好展示！

我在写议论文"诚信"时，DeepSeek 给我设计了一个"什么是诚信—为什么诚信重要—如何践行诚信—诚信带来的益处"的框架。按这个框架写完后，文章逻辑特别清晰，老师说比我以前的作文有条理多了！

4.语言单调

我的作文总是用同样的词，比如"好""很""非常"重复出现，读起来特别没劲，但我又想不出更好的表达方式。

语言是思想的外衣。词汇量的限制确实会影响表达的丰富度，但这是可以通过积累和练习来改善的。

用 DeepSeek 可以马上解决这个问题！它能立刻帮你找到更生动的表达！

工具确实能帮助我们，
但真正的提升还需要自己的积累和内化。

● 传统方法

◆ 建立词汇替换本，记录常用词的多种表达方式。

◆ 多读优秀文章，积累丰富的表达方式。

◆ 练习修辞手法，如比喻、拟人、排比等。

● DeepSeek新三招让文章更出彩

招数	具体做法	效果
词语替换器	» 先找出自己作文中多次重复的词语，比如"高兴" » 向DeepSeek提问：我正在写作文，请你帮我列出关于【高兴】的5种不同表达 » 选择最适合的词语替换作文中重复的词语	» 告别词语重复 » 让表达更丰富
场景描写助手	» 把你想描写的场景告诉DeepSeek » 向DeepSeek提问：请帮我描写【下雨天】的场景 » 欣赏好的描写方法，学习并将其运用在自己的作文里	» 场景更生动 » 画面感更强
名家学习器	» 让DeepSeek分析名家作品中的好句子 » 向DeepSeek提问：请帮我分析一下名家们都是如何描写【下雨天】的（或直接说出名家的名字做解读） » 学习他们的表达技巧，把学到的用在自己的文章里	» 提升写作水平 » 积累好词好句

① 建立专属词库：把学到的好词好句记在本子上。

② 适合自己最重要：选择符合你风格的表达方式。

③ 多多练习：把学到的表达方式多用在平时写作中。

④ 好的表达就像调味料，适量使用才能让文章更"美味"！

我发现"高兴"这个词在我的作文里用了好几次，就请 DeepSeek 给我提供替代表达的方式。它不仅给了我"欣喜若狂""喜不自胜""心花怒放"等词语，还教我怎么用具体动作描写来表现情绪，比如"嘴角上扬""眼睛闪烁着光芒"。我的作文一下子生动多了！

5.立意平庸

每次写作文，我的观点总是很普通，跟大家写得差不多。老师常说我的文章"千人一面"，缺乏新意。

这涉及思维的深度和广度问题。立意新颖往往来自对问题的多角度思考和更深层次的探究。

DeepSeek 可以帮你快速拓展思维维度，生成多种立意角度！

但我想要真正理解为什么会有不同的看法，而不只是知道有哪些不同看法。

很好的思考，米米。深度理解比表面知道更重要。

● 传统方法

◆ 学习"逆向思维"，从相反的角度思考问题。

◆ 练习"六顶思考帽"方法，从不同立场看问题。

◆ 尝试将议题与时事热点或个人的独特经历结合。

● DeepSeek新三招找到好立意

招数	具体做法	效果
多角度解读器	» 向DeepSeek提问：我想写一篇作文【题目】，请从5个不同角度解读【题目】这个主题 » 自己从结果中选择最特别的一个角度	» 跳出思维定式 » 让观点更独特
头脑风暴助手	» 让DeepSeek帮你发散思维 » 向DeepSeek提问：我想写一篇作文【题目】，请给出一些非常规的思考角度 » 记下自己认为最有创意的想法	» 激发创新思维 » 观点更有新意
角色换位器	» 请DeepSeek模拟不同人的观点 » 向DeepSeek提问：我想写一篇作文【题目】，请分别从学生、家长、老师的角度来看这个问题，给我一些不同的写作视角 » 找到最有启发的写作视角	» 视角更全面 » 思考更深入

※ 使用小贴士

① 选择最打动你的：好的立意要能引起你的共鸣。

② 融入个人经历：用自己的故事支撑观点。

③ 保持真诚：写你真正理解和认同的观点。

④ 好的立意就像一盏灯，照亮你独特的思考！

写"责任"这个主题时，我原本只想到"履行责任很重要"这种大众观点。通过与 DeepSeek 问答，我发现了"责任也需要边界""过度的责任感可能导致心理负担"这些角度。我从"平衡责任与自我关爱"这个角度写了篇文章，老师专门在班上表扬了我的思考深度！

6.没有反馈

唉，我这篇作文写得怎么样啊？总觉得不太好……

让 DeepSeek 帮你看看吧！它可以按照考试要求给你打分呢！

对，通过分析评分标准，我们能更清楚地知道要从哪些方面提高。

● **传统做法**

◆ 被动地等待老师批改。

◆ 只知道分数，不清楚具体问题。

◆ 改进方向模糊，难以进步。

● **DeepSeek新三招提升反馈**

招数	具体做法	效果
评分标准解读	» 先把考试作文评分标准（中考/高考等）上传至DeepSeek并提问：请你学习一下这个作文评分标准 » 继续向DeepSeek提问：请帮我解释一下上面作文评分标准中每个评分点的具体要求 » 自己先理解再记录下重点的作文评分要求	» 明确考试重点 » 知道努力方向
作文自评	» 把自己的作文上传至DeepSeek » 向DeepSeek提问：请按照上面的评分标准给这篇作文打分并说明理由 » 仔细阅读结果，进一步了解自己作文的优缺点	» 找到提升空间 » 知道怎么改进
进步追踪	» 定期让DeepSeek评价自己的作文 » 对比前后变化 » 选择使用学过的合适的作文方法提高自己的作文水平	» 看到进步 » 更有信心

① **客观对待**：把DeepSeek当作你的小老师，帮你发现问题。

② **重在进步**：关注每次的进步，而不是分数高低。

③ **循序渐进**：一次专注改进1~2个方面就好。

④ 了解考试要求很重要，但更重要的是提升真实水平！

太好了！现在我知道要从哪里改进自己的作文了！

对啊！而且你看，上次的描写已经进步很多了呢！

记住，持续练习和改进，你写的作文一定会越来越好的。

【 小D和小K的温馨提示 】

① 写作是思维的展示窗口：好文章先有好思考，再用好工具辅助表达。

② 内容为王，形式为辅：再华丽的语言也代替不了真情的实感和深度的思考。

③ DeepSeek是你的写作教练，不是代笔人：用它激发灵感、丰富素材、优化表达，但文章的灵魂应该是你自己的。

④ 坚持原创与融合：借鉴DeepSeek的建议，但一定要融入自己的经历、感受和思考。

⑤ 持续积累是硬道理：即使有AI助手，也要坚持阅读和写作练习，这样才能真正提升你的表达能力。

⑥ 善用DeepSeek辅助写作的黄金法则：

- 先思考再提问：明确自己的困惑点再请求帮助。

- 具体胜于笼统：提问越具体，得到的帮助越有针对性。

- 持续互动：多次交流比一次性获取更有效。

- 批判性思考：对DeepSeek提供的内容进行评估和筛选，而非全盘接受。

⑦ 写作的最终目的是表达自我：技巧和工具都只是手段，真正打动人心的是你独特的声音和真实的情感。

> 别着急，
> DeepSeek 可以帮你理清思路！

> 又是阅读理解！读了好几遍还是找不到重点，这些题目到底该怎么答啊……

> 我们先来分析一下米米在阅读时最常遇到的困难吧。

在做阅读理解题时大部分同学都会遇到"读不懂文章重点""找不到关键信息""答题不够准确"的情况。

1.读不懂文章重点

> 这篇文章我都读了三遍，可还是不知道作者想表达什么……

> 你读文章时会关注文章的结构和关键词吗？

> 我只是一字一句地读，没想那么多……

> 这就是问题所在！我们需要建立快速抓取重点的能力。

● 传统方法

   ◆ 反复通读全文。

   ◆ 标出关键句。

   ◆ 写段落大意。

● DeepSeek人机协作，培养抓阅读重点的能力

步骤	具体做法	注意要点
初读文章	» 自己快速浏览全文 » 先了解文章大意，形成初步印象 » 标记自己的疑问点	» 不求甚解 » 把握大意
深度分析	» 让DeepSeek分析结构：找出主旨大意，理清文章脉络 » 先上传文章并让DeepSeek学习：请你学习这篇阅读理解文章 » 向DeepSeek提问：请你帮我分析文章的结构，找出主旨大意，理清文字脉络	» 关注关键词 » 注意层次关系
对比理解	» 比较自己的理解与DeepSeek回答的区别 » 分析为什么理解不同（这一步也可以追问DeepSeek帮助自己分析） » 记录下自己的知识遗漏和答题方法方面的问题	» 独立思考 » 查漏补缺

步骤	具体做法	注意要点
能力提升	» 向DeepSeek继续提问：你是怎么得到这篇文章的大意和脉络的？ » 学习DeepSeek的分析方法，注意分析和思考的思路，如段落首尾句、过渡句、逻辑标记词等 » 学习并记录下来，自己用方法反复练习至熟练	» 抓住关键 » 理清逻辑

※ 使用小贴士

① 先自己阅读，培养独立思考能力。

② 工具分析作为辅助，不要完全依赖。

③ 多练习，形成自己的阅读方法。

> 原来文章是这样组织的！现在我看到新文章，也知道该怎么找重点了！

2.找不到关键信息

> 这道题的答案肯定在文章里，可是我找了好久都找不到在哪儿……

> 你是怎么找答案的呢?

> 就是看到题目后在文章里找相关的词……

> 原来如此！让我教你一个快速定位的好方法吧！

● **传统方法**

◆ 逐字逐句找相关词。

◆ 凭印象回忆位置。

◆ 反复通读全文。

● **DeepSeek人机协作，培养快速定位能力**

步骤	具体做法	注意要点
题目分析	» 先认真读几遍题目，弄清楚它到底在问什么 » 用铅笔圈出题目中的重要词语，比如"原因""影响""比较"等 » 在大脑中形成一个清晰的问题：这道题究竟要我回答什么?	» 不要急着找答案，先搞懂题目要求 » 有些题目可能包含多个问题，要一一列出 » 特别注意题目中的限定词，如"主要""最重要的"等

步骤	具体做法	注意要点
智能定位	» 打开DeepSeek，上传这篇文章和题目 » 向DeepSeek提问：请帮我在文章中找出关于【题目关键词】的相关段落和语句。 » 举例：对于"秦始皇统一度量衡的影响"这个题目，可以问"请帮我找出与'秦始皇统一度量衡'相关的段落和语句" » 记下DeepSeek给出的位置，回到原文仔细阅读	» 同一个意思可能有不同说法，如"快乐"和"喜悦" » 答案可能分散在不同段落，要全面收集 » 记得看关键词前后的句子，获取完整上下文
证据核实	» 对照题目要求，检查这些内容是否真的回答了问题 » 用笔标出确定是答案的部分 » 让DeepSeek给出题目的正确答案，验证自己的答案是否正确	» 不要只找到一处就停止，继续寻找可能的证据 » 确认证据与题目要求完全吻合 » 有时需要综合多处信息才能得出完整答案
方法总结	» 完成题目后，花1分钟思考：我是怎么找到这个答案的？ » 继续向DeepSeek请教：请分享如何更快找到这类题目信息的技巧 » 在笔记本上记录你学到的方法，尝试总结出自己的规律	» 每做完5道题就小结一次找答案的经验 » 不同类型的题目可能需要不同的定位技巧 » 把好用的方法总结下来随时复习

米米遇到题目：《木兰诗》中体现木兰孝顺的句子有哪些?

① 分析题目：关键词是"木兰""孝顺"和"句子"。

② 智能定位：请DeepSeek找出"关于木兰孝顺表现的段落"。

③ 证据核实：对照原文中DeepSeek指出的"昨夜见军帖，可汗大点兵，军书十二卷，卷卷有爷名……愿为市鞍马，从此替爷征"等句子。

④ 步骤总结：扫描首段 → 找到"替爷征"；扫描结尾 → 找到"还故乡"；中间找细节 → "叹息""爷娘相迎"。

⑤ 结合上下文，确认行为动机。

太棒了！现在我知道该怎么找答案了，不用再漫无目的地找了！

① 定位答案前先理解题目真正的要求。

② 善用关键词及其相关表达。

③ 找到答案后要验证是否完全符合题目要求。

④ 培养快速定位的意识和能力。

3.答题不够准确

我明明读懂了文章，可是答案总是差一点分……

你是怎么组织答案的呢?

就是把觉得对的内容写上去啊。

来，让 DeepSeek 教你答题的技巧!

● **传统方法**

◆ 凭直觉作答。

◆ 照抄原文。

◆ 想到什么写什么。

● **DeepSeek人机协作，培养准确答题能力**

步骤	具体做法	注意要点
题目解析	» 先读一遍题目，圈出关键词和要求 » 问问自己：这道题到底要回答什么? » 上传文章和题目，让DeepSeek帮忙分析：请帮我理解这道题的具体要求 » 在草稿纸上列出题目要求的要点	» 特别注意题目中的限定词，如"主要""最关键"等 » 看看是要分析、比较还是举例 » 弄清楚要回答几个方面

步骤	具体做法	注意要点
证据定位	» 在文章中标记出与题目相关的句子 » 让DeepSeek帮你找：请帮我找出能回答这个问题的段落和句子 » 在找到的内容旁边标上序号 » 检查是否有遗漏的重要信息	» 记得看标记内容的上下文 » 同一个意思可能有不同说法 » 关键信息可能分散在不同地方
答案组织	» 先在草稿纸上列出要点 » 用自己的话说出来试试 » 问问DeepSeek：这样表达是否准确？	» 开头点明中心 » 中间分点论述 » 语言要简洁清晰 » 避免重复啰唆
答案优化	» 对照题目要求要点检查自己的答案 » 可以让DeepSeek帮忙提建议：请帮我看看答案是否完整 » 完善答案的表述 » 多次练习后，自己就会逐渐总结出各个类别题目的答题规律（也可以让DeepSeek总结规律，再对比学习）	» 确保每个要点都回答到了 » 检查有无偏题跑题 » 注意答案的逻辑性 » 用上合适的关联词

现在我知道怎么练习写出准确的答案了！

【 小D和小K的温馨提示 】

① 阅读理解不是死记硬背，而是要学会分析和思考。

② 工具可以帮助理解，但关键是培养自己的阅读能力。

③ 带着问题读文章比漫无目的地读更有效。

5.1.3 DeepSeek助力，文言文不再难

又是文言文！这些字我都认识，连在一起怎么就看不懂了呢？

别着急，
让 DeepSeek 帮你理清思路！

学好文言文其实有规律可循，我们一起来探索。

1.字词理解困难

在《论语》中，"盖有不知而作之者，我无是也"这句话里的"盖"字为什么不是"覆盖"的意思，而是表示"大概"呢？

在文言文中，一字多义是很常见的现象。

今天我们就来用 DeepSeek 快速掌握古今字义！

- **传统方法**

  - ◆ 查字典。

  - ◆ 背诵常见的实词和虚词。

  - ◆ 死记硬背。

● DeepSeek人机协作，建立字词理解体系

招数	具体做法	注意要点
初步分析	» 自己先标记不懂的字词 » 猜测这些字词可能的释义和含义	» 注意上下文 » 记录思考过程
AI辅助解析	» 将文章整体上传至DeepSeek并提问：请你帮我解释【字词】的古今释义 » 获取常见用法举例，从结果中仔细学习	» 对比古今含义 » 积累相似用法
实践运用	» 继续让DeepSeek给出类似练习：请帮我找出3个在文言文中和【字词】用法相似的例子，要求： * 每个例子要有出处（出自哪篇文章） * 给出句子的原文和翻译 * 解释一下为什么这个用法和我遇到的情况相似 * 最好是来自常见的经典文言文 » 学习记录，巩固学习成果	» 多做类比 » 及时复习

2. 文言文欣赏素养不足

让我们用有趣的翻译练习来提升理解力！

每个字都认识了，句子也翻译出来了，可就是不明白文章在说什么……

除了理解内容，我们还要学会欣赏文言文的优美。

● 传统方法

- ◆ 反复阅读全文。

- ◆ 写段落大意。

- ◆ 死记硬背翻译。

● DeepSeek人机协作，提升文言文整体理解力

招数	具体做法	注意要点
初读感知	» 通读全文，标记不懂的字词 » 找出关键句子 » 说说自己理解的大意	» 先整体把握 » 不要急着查字典 » 相信自己的理解
AI辅助理解	» 上传古文至DeepSeek学习 » 让DeepSeek解释难懂的字词 » 继续让DeepSeek说明各个段落的大意 » 让DeepSeek告诉你这篇文章写作的时代背景	» 把握文章脉络 » 了解文章写作时的时代背景 » 理清作者思路
深入分析	» 看看文章分成哪几个部分（文章的结构） » 找找哪些句子特别重要（重点句和过渡句） » 观察作者用了什么写作技巧（写作手法和表达技巧）	» 注意文章层次 » 理解写作特点 » 把握表达方式
实践运用	» 把文言文翻译成白话文，然后再翻译回来（今译古+古译今练习） » 学着写几句类似的句子（仿写句子练习） » 试着讨论：这篇文章告诉了我们什么道理？（文章启示）	» 注重"信达雅" » 学以致用 » 联系现实生活

下面我们先把这句白话文翻译成文言文，再翻译回来，看看有什么变化！

白话文："春天来了，百花盛开，蝴蝶在花间翩翩起舞。"

↓译成文言文

"春至矣，百花争妍，蝶舞花间。"

↓再译回白话文

"春天到了，百花争相开放，蝴蝶在花丛中翩翩起舞。"

哇！同样的意思，文言文表达得简洁又优美！

这就是文言文的魅力，用最精练的文字表达丰富的意境。

【 小D和小K的温馨提示 】

① 文言文学习要循序渐进，从字词到句子再到篇章。

② 重在理解规律，而不是死记硬背。

③ 通过互译练习，加深对两种文风特点的理解。

④ 善用工具辅助，但要建立自己的语感和理解能力。

⑤ 文言文学习不只是为了应付考试，更要感受文言文之美。

5.2 理科智能解题

这道题我算来算去都不对。明明每个步骤我都懂，可是组合在一起就乱了。而且物理也是，公式背得滚瓜烂熟，可做题时总是卡壳……

听起来，你遇到的不只是单纯的计算问题呢。

对啊对啊！有时候我觉得自己像个计算机器，知道所有公式和方法，但就是不知道该用哪个、怎么用。

这就说到重点了。理科学习不只是记公式做计算，更重要的是培养解决问题的思维方法。

没错！现在有了 DeepSeek，用它不仅能帮你解题，更能帮你理解解题思路，建立清晰的思维框架呢！

5.2.1 数学思维训练：让解题更清晰

又错了！这道题我明明算了三遍，每次答案都不一样。

我知道要用相似三角形，也记得所有公式。可是……就是不知道该怎么把这些知识点连起来。每次想到一个就写一个，最后全乱套了。

让我瞧瞧，哦，是个几何证明题。

米米，你看起来可能需要一些数学思维训练。也就是解题时的思路和方法，就像搭积木，不是有积木就能搭好，还要知道怎么一步一步搭起来。

对！让我们从常见的问题起步一起来训练数学思维，让解题更有条理！

1.解题时无从下手

你看这道方程的应用题，说了这么多条件，我该从哪里开始啊？

你平时是怎么处理这类题目的呢？

就……看到哪算到哪，经常算着算着就乱了。

这说明你缺少系统的解题思维方法。

● 传统方法

反复练习类似题目，死记硬背解题模板。

● DeepSeek助力升级

步骤	具体做法	预期效果
理解题意	» 把题目完整输入DeepSeek » 请求：请帮我把这道题目的已知条件和问题分别列出来 » 对照DeepSeek的分析，在题目中标注已知条件和问题	» 清晰地看到题目要素 » 不会遗漏重要条件 » 培养条理化思维
建立联系	» 接着向DeepSeek提问：请问这些条件之间有什么关系，解释给初一的学生听 » 理解记录相关的条件 » 标注条件之间的关系	» 直观理解条件关联 » 形成清晰思路 » 锻炼逻辑思维
制订解题计划	» 继续请DeepSeek：帮我规划解题步骤，每步都解释原因 » 在草稿纸上列出步骤清单 » 每完成一步就打个钩 » 遇到不懂的步骤可以向DeepSeek追问原理	» 建立解题节奏 » 不会跳步或混乱 » 理解每步的意义

我按这个方法试了试，真的比以前清晰多了！而且自己画思维导图的时候，感觉整个题目都理解透了。

2.解题过程思维跳跃混乱

小K你看，这道几何题我明明做对了，但老师说我的解题过程太乱了。有时候我自己过后看都看不懂我写的是啥……

米米，解题过程也很重要。它体现了你的思维过程。

可是我想到哪写到哪，后面再补充，就变得很乱。

这说明你需要培养规范的解题习惯呢。来，我教你用更清晰的方式解题！

● DeepSeek助力升级

步骤	具体做法	预期效果
理解题意	» 将这道几何题上传至DeepSeek » 向DeepSeek提问：请帮我分析这个几何题的解题关键点，讲给初一的学生听 » 用笔标注题目中的已知条件，并标注关键信息	» 清晰理解题目要求 » 抓住关键信息 » 建立直观认识 » 形成初步思路
思维训练	» 续集向DeepSeek提问：为什么能想到这些解题步骤 » 在草稿纸上写下每个步骤的原因 » 尝试用自己的话解释解题思路 » 总结类似题目的共同特点	» 理解解题逻辑 » 培养数学思维 » 提升分析能力 » 形成知识迁移

步骤	具体做法	预期效果
规范解答	» 请DeepSeek示范：请帮我用规范格式写出这道题的解题过程 » 对照示范格式写出解题步骤 » 检查是否有遗漏或错误 » 整理成完整的解题过程	» 掌握书写规范 » 培养严谨的习惯 » 提高解答质量 » 加深理解记忆

哇！按这样写真是不一样！不但自己看得清楚，老师也发现我做题和以前不一样了。最重要的是，我复习的时候一看就想起解题思路了！

3.不能举一反三

考试时，我总是能做对很多题，但一遇到新题型就蒙了、不会了。

你平时做题是怎么思考的呢？

就是看到这种题用这个公式，那种题用那个公式啊。

原来如此，你需要建立起真正的数学思维，而不是简单地套公式。

● DeepSeek助力升级

步骤	具体做法	预期效果
理解题意	» 向DeepSeek提问：这个【公式/知识点】背后的原理是什么 » 接着请DeepSeek用生活实例解释：请帮我用生活中的实例来解释一下 » 尝试用自己的话复述原理	» 深入理解知识的本质 » 建立知识联系 » 提高举一反三的能力
多角度思考	» 上传题目后，问DeepSeek：这道题还有其他解法吗 » 自己先对比不同解法的优缺点（需要时可让DeepSeek帮助分析） » 自己在草稿纸上列出各种解题思路 » 找出最适合的解法	» 拓展思维方式 » 灵活运用知识 » 提高解题效率
创建题型总结	» 先把自己做错的、没思路的题目收集起来 » 上传至DeepSeek并提问：这些都是我没有解题思路的题目，请帮我分析一下这些题型的特点和解题思路 » 认真学习DeepSeek给出的分析和建议 » 用新思路做题检验，并定期复习	» 掌握解题规律 » 形成知识体系 » 提高应试能力

【小D和小K的温馨提示】

① 数学不是死记硬背，要理解背后的思维逻辑。

② 多问一个"为什么"比直接得到答案更重要。

③ 善用DeepSeek帮助理解，但最终要形成自己的思维方式。

④ 解题过程和答案同样重要，要养成规范书写的好习惯。

⑤ 及时总结和归纳，让知识形成体系。

5.2.2 物理化学突破：从概念理解到解题思维

放学后，米米和小D、小K正在学校的"学习互助论坛"浏览帖子。

> 嘿，小D、小K，有两个高年级的同学发了求助，一位是初二的小林，另一位是初三的小美。我们帮他们看看吧？

> 小林卡在物理力学部分，小美在化学实验题和化学方程式上也特别头痛。

> 正好可以让 DeepSeek 来辅助他们从理解概念到解题，顺便也给更多同学提供一些思路。

1.物理难题 —— 力与运动的概念迷宫

初二的小林在论坛上焦急发帖：最近学习物理力学，老师讲"牛顿第二定律""力和加速度的关系"，单独听都明白，可一到考试做综合题时，就不知道该先写什么公式，感觉力和运动状态混得一团糟。

> 小D、小K，小林的问题听起来很常见呢，我记得许多学长学姐也抱怨过类似问题。

> 物理知识点常常环环相扣，光背公式是不够的，还得建立正确的分析顺序。

对，树立概念框架，然后按步骤来解决。我看还是先把小林的题目发给 DeepSeek 吧。

● DeepSeek人机协作，助力突破物理难题

步骤	具体做法	预期效果
概念检索	» 将力学综合题（含题干和已知条件）上传至DeepSeek » 请DeepSeek检索并提炼：请列出这道题目考查的物理概念及知识点	» 明确题目考点 » 避免盲目下手
概念梳理	» 在学习物理概念时，可以直接让DeepSeek用易懂的语言帮助自己加深理解 * 向DeepSeek提问：现在请你把【A概念】解释给小学生听 * 继续向DeepSeek提问：请用生活实例解释这个【A概念】 * 再尝试用自己的话复述这个知识点 » 在知识点/概念之间建立联系时，可以让DeepSeek帮助自己 * 向DeepSeek提问：请帮我分析【A概念】与【B概念】之间的联系和区别 * 继续提问：请帮我找出初中物理学习中与【A概念】有联系的其他概念和知识点 * 自己认真学习记录，建立起知识之间的联系	» 建立概念网络 » 形成直观印象 » 便于记忆与应用

步骤	具体做法	预期效果
解题思维训练	» 请DeepSeek说明：这道题从读题到解题，过程中有哪些必经的分析步骤，请列举说明 » 对照步骤逐一分析自己的做题过程 » 整理出完整的解题流程	» 养成解题顺序 » 避免漏掉关键信息 » 提升整体分析能力
针对此题演练	» 继续让DeepSeek给出示范解答 » 自己用规范的格式写一遍自己的解答 » 检查、比对与点评	» 熟练掌握题型 » 纠正在概念应用上的错误 » 强化实战能力

系统化的概念梳理，加上正确的解题流程，是摆脱"概念混乱"最好的方式。

2.化学难题 —— 记不住方程式，做不好实验题

初三的小美发帖诉苦：各种化学方程式我都背，可还是容易搞混！要是不背，一遇到实验题又不知道加什么药品、判断什么现象。我每次考试的综合实验题都丢大分，该怎么办啊？

我邻居姐姐也常说化学方程式太难了。

既然小美有现成的错题，我们就让DeepSeek先帮忙找出她背不下来的原因吧。

对，最好能在理解的基础上来记忆和运用，这样在实际做实验题时才不会慌乱。

● DeepSeek人机协作，助力解决化学难题

步骤	具体做法	预期效果
整理方程式清单	» 先把自己记不牢的方程式做成分类表格 » 上传至DeepSeek，请它按照反应种类（如酸碱中和、氧化还原、沉淀生成等）分类：请把上述我记忆不牢的化学方程式按照反应种类进行分类 » 自己认真整理，有条理地学习	» 分门别类掌握 » 明确同类型方程式的规律 » 避免杂乱记忆
理解与记忆结合	» 让DeepSeek协助解释每类方程式的本质原理：请你给初中生解释一下【某个方程式】的本质原理 » 继续提问，找一些生活中常见的实例（如碳酸饮料、铁锈形成）来对应反应类型：请你找一些生活实例来对应和解释这种反应类型	» 形成理解记忆 » 容易与生活场景建立联结 » 提高记忆效果
实验题核心分析	» 上传自己做错的实验题至DeepSeek并提问 » 例如，"如何正确判断所需试剂与现象""为什么这样选" » 在出错的地方用红笔标记，对比正确的思路	» 解析实验原理 » 掌握"试剂选择—现象推断"的模式 » 针对错题进行反思

像这样循序渐进、抓住本质，就一定能让学科成绩稳步提升！

对呀，让我们的理科学习之路走得更轻松、更有趣吧！

【小D和小K的温馨提示】

① 系统梳理，告别无头绪：不管是物理还是化学，先把零散的知识点整理成图表或逻辑框架，学习与记忆的效率都会提升。

② 多问"为什么"：无论是使用DeepSeek还是自己思考，都要深挖概念的内在联系，学科问题往往不是靠死记硬背就能解决的。

③ 提问有重点：上传题目时，先明确想问的关键，比如"这道题考哪些概念""选这种试剂的原理是什么"，这样DeepSeek的回答更具有针对性。

④ 反复演练，不断修正：每次做完题后，都要学会"纠错与回顾"，把易混淆的点再度提问、再度梳理。

⑤ 把知识变成自己擅长的语言：将难懂的知识点转化为生活实例或思维导图，这样你会更高效地记忆并灵活应用。

5.2.3 难题解决：和DeepSeek一起攻克难关

这道大题我想了好久都解不出来，每次遇到难题就特别慌。

这有什么好慌的？直接让 DeepSeek 告诉你答案不就行了！科技就是用来解决难题的嘛，何必自己费那么多脑细胞？

对哦！我怎么没想到？直接问 DeepSeek 多简单！

等一下，你们有没有想过，如果只是获取答案，而不理解解题过程，那下次遇到类似题目时，你还是会束手无策。

可是知道答案不就够了吗？反正以后有不会的题还可以问 DeepSeek 啊！

学习的本质不仅是获取正确答案，更重要的是培养自己解决问题的能力。想象一下，如果考试时不允许使用任何工具，或者遇到 DeepSeek 没见过的新题型，你该怎么办？

这么说，我应该先学会自己思考……

没错！ DeepSeek 最大的价值不是替你解题，而是帮你理解思路、分析过程，让你真正掌握解题方法。

我明白了！与其直接要答案，不如让 DeepSeek 一步步引导我们思考，这样我们既学到了知识，又锻炼了能力！

所以，解决难题需要方法，我们来学习如何与 DeepSeek 开展有效的人机协作吧。

1.遇到难题就慌乱放弃

看到这么长的题目就头大，感觉太难了，根本不知道从哪里开始。

● DeepSeek人机协作

步骤	具体做法	预期效果
心态调整	» 向DeepSeek提问：作为一名初一学生，我看到难题就容易慌乱，如何让我自己面对难题时保持冷静	» 克服恐惧心理 » 培养解题自信 » 保持平和心态

步骤	具体做法	预期效果
难度评估	» 将题目上传至DeepSeek让它分析难度等级和重点考察点：我不会做这道题，请你帮我分析这道题的难度等级，以及重点考察哪些知识点 » 对比自己已经掌握的知识 » 找到突破口，明确自己要学习提升的方向	» 客观认识难度 » 明确努力方向 » 建立解题信心
建立解题节奏	» 给自己制订解题时间计划 » 分别分配思考和计算的时间 » 学会分步骤设置解题的小目标（不要想"一步到位"） » 循序渐进解决	» 避免慌乱 » 保持专注 » 提高效率

扫码查看
DeepSeek 完整回答

提示：AI每次创作都独一无二，欢迎你亲自体验，获得专属于你的精彩回答！

2.不会分解复杂问题

这道大题里面好像包含了很多知识点，全部混在一起，我都不知道该怎么拆分来做。

● DeepSeek人机协作

步骤	具体做法	预期效果
问题拆解	» 将题目上传至DeepSeek并提问：我是一名初一的学生，请你帮我把这道难题分步骤拆分成几个小问题 » 根据DeepSeek拆分的小问题一个一个解答 » 最后整理出解题思路和顺序	» 理清问题脉络 » 化繁为简 » 建立解题思路
分步解决	» 针对每个小问题继续向DeepSeek提问：请详细为我解答一下【小问题】 » 逐个击破小问题 » 记录解题过程	» 提高解题的条理性 » 增强解题信心 » 培养系统思维
知识整合	» 请DeepSeek帮助检查自己的解答过程：这是我的解答过程，请为我检查一遍，并给出意见和建议 » 自己总结解题要点 » 归纳成为自己的解题方法	» 掌握综合分析能力 » 提升解题水平 » 形成解题经验

3.缺乏攻克难题的信心和方法

每次考试遇到压轴题就特别没信心，感觉自己永远也解不出来这种难题。

● DeepSeek人机协作

步骤	具体做法	预期效果
建立信心	» 查看自己曾经已解决过的类似题目 » 请DeepSeek分析：这些题目都是我已经成功解决的题目，请你帮助我分析这些解题思路的相似性 » 总结这类题目的成功经验，增加自己解决问题的信心	» 增强自信心 » 克服畏难情绪 » 培养积极心态
积累方法	» 向DeepSeek学习难题解决技巧：这道题目对于我来说是一道难题，请你告诉我这类难题的解决技巧 » 自己整理记录常用的解题方法 » 定期复习更新	» 掌握解题技巧 » 形成方法库 » 提高解题能力

原来难题也不是那么可怕！只要学会拆分问题，一步一步来，再难的题也能解决！

【 小D和小K的温馨提示 】

① 遇到难题保持冷静，相信自己一定能解决。

② 学会将复杂的问题分解成小问题逐个击破。

③ 善用DeepSeek辅助分析，但要培养独立思考能力。

④ 及时总结解题经验，积累解决难题的方法。

⑤ 每解决一道难题都是能力的提升。

⑥ 建立解题信心档案，记录进步轨迹。

啊，为什么英语单词那么多啊！背了忘、忘了背，感觉永远也记不住。明天就要小测验了，我还有一大堆单词没背会，好烦哦~

别担心，米米！英语学习其实没那么难！用 DeepSeek 帮忙，单词记忆完全可以变得有趣又高效！

但是，我已经试过很多方法了。flash 卡、抄写、反复读等，都没什么用。

米米，你有没有想过，传统的英语学习方法可能并不适合每个人？事实上，英语学习正在经历一场革命，特别是在 AI 辅助学习的时代。

没错！利用 DeepSeek，我们可以彻底改变英语学习的方式。无论是单词记忆、写作提升，还是做阅读理解，都可以使用 DeepSeek 辅助！

单词记忆新方法：背单词不再枯燥

> 别灰心，米米！用对方法，背单词也可以很有趣哦！

> 又要背单词了，好烦啊！这些单词就像天上的星星一样多，背了前面的忘了后面的。

> 是的，让我们一起探索一些新的记忆方法吧。

1.单词混淆

> 这是很多同学都会遇到的问题。

> 这些单词看起来都差不多，经常搞混，比如"desert"和"dessert"，到底哪个是沙漠，哪个是甜点啊？

> 可以向 DeepSeek 寻求帮助：我初一了，背单词经常搞混【单词A】和【单词B】，请帮我用好方法记住它们。

DeepSeek给出的回答如下。

要区分 **desert** (沙漠) 和 **dessert** (甜点) ，可以通过以下方法轻松记忆：

🌵 Desert (沙漠)

1. **拼写**：一个 **s**。
2. **联想**：沙漠里只有一片沙 (**s**and) ，所以中间一个 **s**。
3. **口诀**：

   "沙漠 (desert) 热到只剩一个 **s**，孤独的 **s** 像一条蛇 (🐍) 在沙中爬。"

🍰 Dessert (甜点)

1. **拼写**：两个 **s**。
2. **联想**：甜点让人开心，所以要多一个 **s** (比如 **s**ugar、**s**trawberry) 。
3. **口诀**：

   "甜点 (dessert) 有两个 **s**，像两块蛋糕 (🍰🍰) 等你吃两次！"
   或者：
   "**Dessert** 是 Sweet Stuff，所以两个 S！"

⭐ 终极技巧

记住这句话：

"在沙漠 (desert) 里只能吃到一个 s，但甜点 (dessert) 会给你双倍的快乐 (两个 s) ！"

📝 练习小测验

1. **填空**：
   - 撒哈拉是巨大的 _____ (desert/dessert) 。
   - 饭后我最爱吃的 _____ (desert/dessert) 是冰淇淋。

   答案：

   1. desert (沙漠)
   2. dessert (甜点)

通过联想和口诀，轻松区分这两个词！下次再混淆时，想想沙漠里的蛇和甜点上的双倍糖分吧 😊

🗗 🗘 👍 👎

· 237 ·

2.长单词记不住

长单词可以拆小块记啊。

有些单词超长，又不会读，看着就头大。比如"temperature"这种，又长又难记！

也可以向 DeepSeek 寻求帮助：我初一了，单词【temperature】又长又不会读，请问我怎么才能记住它。

DeepSeek给出的回答如下。

🔍 拆解单词 + 发音技巧

1. 拆成小段：

tem-per-a-ture（分成4部分，像搭积木一样）

- 读法：/ˈtem-prə-tʃər/（谐音："太-破-热-扯"😆，想象温度高到"太破热了，扯掉衣服！"）

2. 发音重点：

- 开头 **"tem"** 读重（像中文"**太热**"的"太"），后面轻轻带过。
- 中间 **"per"** 读成短音 **/prə/**（类似"破热"连读）。
- 结尾 **"ture"** 读成 **/tʃər/**（像"扯"的轻声）。

☀ 联想记忆法

1. 谐音梗：

> "温度（temperature）太高，太热（tem）破了（per）纪录，热到阿（a）明都扯（ture）衣服！"

（把发音和搞笑画面结合，印象深刻）

2. 图像联想：

- 想象温度计上写着 **"temper"**（英文"脾气"），因为温度高时人容易发脾气 🤬！
- 后面加上 **"a-ture"**（类似"未来"future），联想 **"脾气决定未来的温度"**。

3. 词根词缀（选学）：

- **"temper"** 本身有"调节"的意思（比如温度调节），**-ature** 是名词后缀（类似 **nature** 自然）。

✏️ 拼写技巧

1. **对比法：**
   - 和简单词 **"temper"（脾气）** 对比：

     temper（脾气）+ a + ture = temperature（温度）

     (联想：发脾气会让温度升高🔥)

2. **手写练习：**

   边写边念节奏：   ⌄

   T-E-M（停）→ P-E-R（停）→ A-T-U-R-E（停）

   (像打拍子一样分段写)

📝 自测小练习

1. **填空：**
   - 今天 ＿＿＿＿（temperature）高达40度！
   - "体温"的英文是 body ＿＿＿＿。

2. **选发音：**

   temperature 读作：

   A. /tem-**PEE**-ree/

   B. /**TEM**-prə-tʃər/

   (答案：B)

记住：**分段拆解 + 搞笑联想** 是背长单词的秘诀！下次遇到长词，试试"切蛋糕法"吧 🍰~

🗇 🗘 👍 👎

3.散装单词容易忘

背完就忘，感觉完全没有规律可循。

我们可以用联想记忆法。

你也可以向 DeepSeek 寻求帮助：请帮我把这些单（hospital、balloons、doctor、nurse、clown、patient）串联起来，组成故事，让我可以根据情节和场景记住它们。

DeepSeek给出的回答如下。

帮你编一个 **搞笑又温暖** 的医院小故事，轻松串联所有单词！👇

📋 **故事标题：《小丑的气球救援行动》**

场景： 儿童医院的病房 (hospital) 里，一个小男孩 (patient) 因为害怕打针缩在角落。

情节：

1. **冲突：**

   医生 (doctor) 拿着针管，护士 (nurse) 端着药盘，两人对视苦笑："这孩子已经躲了半小时了……"

2. **转机：**

   突然，门外传来"砰！"一声——一个踩着独轮车、鼻头红红的 **小丑 (clown)** 冲了进来！他手里拽着一大串五颜六色的 **气球 (balloons)**，大喊："我是气球特工，专治不开心！"

3. **高潮：**

   小丑把气球塞给男孩，开始表演滑稽魔术。气球被他捏成小狗形状，男孩噗嗤笑了。医生趁机悄悄靠近，护士默契地递上棉花糖："你看，针头比气球还小哦~"

4. **结局：**

   男孩一边捏着 **气球**，一边被小丑逗得哈哈大笑，医生成功打完针！小丑临走前，把最大的气球绑在病床边，上面写着："勇敢者勋章"🎖️。

☀️ **记忆钩子**

- 医院 (hospital) 是主舞台，医生护士 (doctor/nurse) 是常规角色。
- 小丑 (clown) 和 气球 (balloons) 制造反差萌，关联"搞笑救援"。
- 病人 (patient) 是故事核心，联想"patient 需要耐心（谐音梗）"。

下次背单词时，回忆这个 **"小丑用气球帮医生打针"** 的画面，轻松调取所有词汇！📍

> ⓘ 本回答由 AI 生成，仅供参考，不构成任何专业建议。

🗐 🗘 ♲ 👍 👎

哇！用这个方法真的很管用！我刚才用 DeepSeek 帮我把"vocabulary"编成故事：vocal（声音）和 bulary（想象中的小精灵）一起收集词汇。现在一想到这个画面就能记住 vocabulary 这个单词了！

【小D和小K的温馨提示】

① 把单词变成生动有趣的故事。

② 善用图像和场景帮助记忆。

③ 找到单词之间的联系。

④ 把长单词拆分记忆。

⑤ 定期复习，及时巩固。

⑥ 多在生活中运用，让记忆更自然。

5.3.2 英语写作进步：表达更地道

别担心！
让 DeepSeek 来帮你提升写作水平！

这次作文题目是"My Dream"，可我写出来的句子都特别像中式英语，老师说读起来很奇怪。

写好英语作文，关键是要学会地道的表达方式。

制约英语写作进步的主要问题有"表达不地道""表达太单一""没有思路"等。

1.表达不地道

直接翻译，这是很多同学常用的方式。

我写的句子都是按中文直接翻译的，比如"我很喜欢打篮球"，我就写"I very like playing basketball"。

让我们问问 DeepSeek：请解释如何把"我很喜欢打篮球"用地道的英语表达。DeepSeek 会告诉你："I love playing basketball"或"I'm really into basketball"这样地道的表达方式，还能给你更多类似的例子，帮你建立正确的英语思维。

DeepSeek给出的回答如下。

好的！这句话用英语表达可以很灵活，既简单又地道，根据不同的语气和场景，我整理了**4种常用说法**，帮你举一反三：

1. 最基础版（适合日常交流）

"I really like playing basketball."

- ✅ 解析：
  - **really** 加强语气（比 **very** 更自然），避免中式英语"I very like..."的错误。
  - **playing basketball** 是固定搭配（打球类运动用 **play + 运动**）。

2. 热情强调版（表达强烈兴趣）

"I love playing basketball!"

- ✅ 解析：
  - **love** 比 **like** 程度更深，适合表达"超级喜欢"。
  - 口语中常加感叹号："Basketball? I love it!"（反问+强调）。

3. 美式口语版（更地道随意）

"I'm really into basketball."

- ✅ 解析：
  - **be into...** 是美国人高频口语，= 对...很着迷（比如 "I'm into music"）。
  - 省略 **playing**，直接说 **basketball** 更简洁。

---

4. 高级情感版（适合写作或演讲）

"Basketball is my passion."

- ✅ 解析：
  - **passion**（热情）比 **like/love** 更显深度，适合表达"热爱如生命"。
  - 扩展句："**Playing basketball makes me feel alive.**"（打篮球让我充满活力）

✨ 场景小贴士

- 和朋友聊天：用 **I'm really into basketball** 或 **I love hoops!**（hoops=篮球俚语）。
- 写英语作文：用 **Basketball is my favorite sport** 或 **I have a strong passion for basketball**。

下次打球时，试试用这些句子和外国小伙伴交流吧！🏀

🔄 🔃 👍 👎

2.表达太单一

每次写作文都用差不多的句子，比如开头总是"I have a dream"，感觉好单调啊。

可以让 DeepSeek 帮你扩充表达的方式！

你可以这样问 DeepSeek：我是一名初一的学生，在写英语作文时表达很单一，请给我几个更丰富的与"我的梦想"相关的开头句式。例如，描述梦想，可以用"My dream is like a seed planted in my heart" "What does the future look like? To me, it's a place where" 等更丰富的开头。你还可以让 DeepSeek 给每种表达配上生活中的实际例子，这样更容易理解和运用。

DeepSeek给出的回答如下。

以下是 8种不同风格的「我的梦想」英语作文开头句式，包含简单版和进阶版，适合初中生使用并提升表达丰富性：

☀ 疑问引发思考型

1. **"Have you ever stayed awake at night, dreaming about changing the world? That's exactly what I want to do."**

   (你是否曾在深夜畅想改变世界？这正是我的梦想。)

   ✅ **适用**：科技/公益类梦想

2. **"What does the future look like? To me, it's a place where..."**

   (未来是什么样子？对我来说，它是...)

   ✅ **解析**：用设问引出具体梦想场景

🎯 比喻联想型

3. **"My dream is like a seed planted in my heart. With hard work, I believe it will grow into a towering tree."**

   (我的梦想像一颗种在心里的种子，我相信努力会让它长成参天大树。)

   ✅ **亮点**：用 seed→tree 比喻梦想发展过程

4. **"If life were a painting, my dream would be the brightest color on the canvas."**

   (如果生活是一幅画，我的梦想就是画布上最亮的颜色。)

   ✅ **适用**：艺术类梦想（画家/设计师等）

✨ 场景描述型

5. **"Every time I look up at the stars, I imagine myself..."**

   (每次仰望星空，我都想象自己...)

   ✅ **解析**：用具体动作引出抽象梦想，画面感强

6. **"The sound of ocean waves always reminds me of my biggest dream – to..."**

   (海浪声总让我想起最大的梦想——成为...)

   ✅ **适用**：环保/海洋生物类梦想

⌄

📚 引用名言型

7. **"As Nelson Mandela said, 'It always seems impossible until it's done.' This is why I never give up my dream of..."**

   (曼德拉曾说"事情在成功前总看似不可能"，这就是我坚持...梦想的原因。)

   ✅ **技巧**：名言+个人观点结合

8. **"'The future belongs to those who believe in the beauty of their dreams.' My version of this beautiful dream is..."**

   ("未来属于相信梦想之美的人"，而我心中的美好梦想是...)

   ✅ **替换**：可换其他名言（如爱因斯坦、乔布斯）

📝 **使用技巧**

1. **根据主题选风格**：科技类用疑问/名言，艺术类用比喻，自然类用场景

2. **先模仿再创新**：替换划线部分词汇（如 **seed→flower**，**stars→mountains**）

3. 积累「万能公式」：

   "My dream is to... because I want to..."

   （我的梦想是...因为我想...）

   "When I..., I always feel... That's why I dream of..."

   （当我...时，总感到...这就是我梦想...的原因）

试着用这些句式改写你的作文开头，会让老师眼前一亮哦！ 🎯 （附：需要具体主题的定制句式可以告诉我~)

🗇 🔁 🖒 🖓

3.写作没有思路

写到一半经常卡住，不知道下一句该怎么接。

这时候可以让 DeepSeek 帮你梳理文章结构。

你可以这样提问：我是一名初一的学生，正在写英语作文，作文题目为"My Dream"，请你帮我列出清晰的段落框架，给我写作的思路。第一段介绍你的梦想，第二段说明原因，第三段描述为实现梦想所做的努力。每个段落都能用不同的连接词，让文章更流畅。

DeepSeek给出的回答如下。

以下是针对 **"My Dream"** 的英语作文框架，包含 **4个段落** 和 **具体写作思路**，适合初中生清晰组织内容：

📝 段落框架与写作思路

1. 开头段 (Introduction) —— 点明梦想

目标：用生动的句子引出你的梦想，吸引读者兴趣。
结构：

- **Hook (吸引句)**：疑问句/比喻句/场景描写（参考之前提供的开头句式）。
- **明确梦想**：直接说明你的梦想是什么（职业/目标）。
- **简要理由**：用一句话概括原因（如帮助他人、热爱某领域等）。

示例：

> "Have you ever imagined making the world a better place? My dream is to become an environmental scientist. I want to protect our planet by solving pollution problems."

2. 主体段1 (Body 1) —— 梦想的起源

目标：解释为什么会有这个梦想（个人经历/榜样影响）。
结构：

- **起因**：具体事件或人物激发你的梦想（如一次经历、一本书、一个榜样）。
- **感受**：这件事让你产生了什么想法或情感（如感动、好奇、决心）。
- **连接梦想**：说明这件事如何与你的梦想关联。

示例：

> "Last year, I saw a documentary about plastic waste in the ocean. The sad eyes of sea animals made me cry. From that day, I decided to fight for a cleaner Earth."

关键词替换：

- 事件： `a book about space / a visit to a hospital / my teacher's story`
- 感受： `inspired（受启发）/ curious（好奇）/ determined（坚定）`

3. 主体段2 (Body 2) —— 实现梦想的计划

目标：具体说明你打算如何实现梦想。
结构：

- **学习计划**：现在如何准备（如努力学习某学科、阅读相关书籍）。
- **行动步骤**：未来打算做什么（如参加社团、志愿者活动）。
- **克服困难**：可能遇到的挑战和你的态度（可选）。

示例:

> "To achieve my dream, I study biology and chemistry hard. I also join the school's 'Green Club' to learn recycling skills. Even if it's difficult, I will keep trying."

句式扩展:

- `I plan to...`（我计划...）
- `By doing..., I can...`（通过...我能...）

---

4. 结尾段 (Conclusion) —— 总结与展望

目标: 升华主题,表达决心或呼吁。

结构:

- **重申梦想:** 换一种方式再次强调你的梦想。
- **未来展望:** 想象实现梦想后的世界会怎样（或对他人的影响）。
- **鼓励句:** 呼吁或表达信心。

示例:

> "Becoming an environmental scientist is not just my dream, but a promise to the Earth. I believe if everyone takes small actions, our future will be full of clean air and blue skies. Let's work together!"

高级表达:

- `Where there is a will, there is a way.`（有志者事竟成）
- `I'm ready to...`（我已准备好...）

✨ 加分技巧

1. 用过渡词连接段落:
   - `First of all... / Moreover... / Most importantly... / In conclusion...`

2. 避免重复词汇:
   - "dream" → 替换为 `goal / ambition / hope`
   - "want" → 替换为 `decide to / aim to / wish to`

3. 加入情感描写:
   - 用 `I feel... / I believe... / I hope...` 表达个人态度。

试着根据这个框架填充内容,让作文结构清晰又有感染力! 🌟 (如果需要具体主题的段落示例,可以告诉我你的梦想方向哦~)

🗗 ↻ 👍 👎

太棒了！我刚才在之前语文作文的方法里得到了灵感，我把英语作文的评分标准上传给了 DeepSeek，它不仅给我的英语作文打了分，还给了我很多改进意见呢，这让我立刻就知道该怎么提高了，这个感觉太好了！

【小D和小K的温馨提示】

① 多积累地道的表达方式，避免中式英语。

② 注意句式多样化，让文章更加生动。

③ 学会使用合适的连接词。

④ 先列框架再写作，思路更清晰。

⑤ 巧用工具让进步更有方向。

⑥ 勇于表达、不怕犯错，逐步修改、越来越好。

5.3.3 阅读理解：轻松读懂英语文章

别担心！阅读理解也有妙招！

这篇文章好难啊！看到这么多生词就头晕，读完全文还要回答问题。

是的，让我们一起学习一些实用的阅读策略吧。

1.单词不认识

米米，遇到生词不用慌。

文章里有好多不认识的单词，每个都查字典，读着读着就忘了前面在说什么了。

可以让 DeepSeek 帮你划分重点词和非重点词。

上传完整的文章和题目后，向DeepSeek提问：请帮我提取这篇文章中影响理解主旨的5个核心名词/动词，5个可通过上下文推测的词，并用中文标注词性和基础含义。根据DeepSeek的回答，记录下重点词汇，并用已知推测未知，这样逐渐锻炼，慢慢就能形成对单词的词感！

2.长难句难懂

读完一段，感觉每个句子都懂，但是不知道这段在说什么重点。

这时可以让 DeepSeek 帮你找出段落主旨。

上传文章段落后，试试这样问 DeepSeek：请帮我用一句话概括这段内容的中心意思，并说出具体概括步骤和方法。DeepSeek 会找出段落中的主题句和支撑细节，就像拼图一样，把零散的信息组合成完整画面。

3.定位不到答案

做题时总是在文章里找不到答案的依据，很多题都答错了。

让 DeepSeek 教你定位答案的技巧啊！

上传文章和题目后，试试这样问 DeepSeek：请你帮我定位出这道题目的关键词和文中对应的关键语句，并说明判断的方法。这就像玩寻宝游戏，关键词就是你的藏宝图，指引你找到正确答案。

太棒了！
我刚才用这些方法读了一篇文章，不仅读得快了很多，理解得也更清楚了。而且做题时也更有信心了！

【小D和小K的温馨提示】

① 先快速浏览全文，了解大致内容。

② 遇到生词别慌，学会猜词义。

③ 找出每段的主旨，理清文章脉络。

④ 做题时学会定位关键信息。

⑤ 多积累主题词汇和常见的表达方式。

⑥ 培养英语思维，提高阅读速度。

第6章

安全使用须知

6.1 分辨真假：信息查证三步走

米米急匆匆地跑进房间，脸上带着困惑的表情。

米米，你的怀疑精神很好。在信息爆炸的时代，学会分辨真假至关重要。下面，就来学习信息查证的方法吧。

小 K，你在吗？
我遇到了一个大问题！我们班今天在讨论一则新闻，说科学家发现吃巧克力可以提高智商，还能让人长高！很多同学都相信了，但我总觉得哪里怪怪的……
这是真的吗？

6.1.1 信息时代的挑战：真假难辨

在这个时代，信息像洪水一样涌来。社交媒体、新闻网站、朋友圈、视频平台各种消息层出不穷，让人目不暇接。尤其是有了AI工具的帮助，获取信息变得更加容易和快捷了。

然而，便捷的同时也带来了新的挑战 —— 信息真假难辨。从健康谣言到科学误导，从虚假新闻到夸大广告，虚假信息无处不在。研究表明，虚假信息在社交媒体上的传播速度比真实信息快六倍！这不仅会影响我们的判断，还可能导致错误决策。

为什么我们容易被虚假信息迷惑呢？心理学研究表明，人类天生有"确认偏误"——我们倾向于相信那些符合自己已有观点的信息。此外，情绪化的内容更容易引起我们的注意和传播欲望。

面对这些挑战，我们需要一套实用的方法来辨别信息的真伪。这就是"信息查证三步走"法，这个方法可以帮助我们像侦探一样揭示信息背后的真相。

● 第一步：追根溯源，找到信息的原始来源

判断信息真伪的第一步，就是追查它的原始出处。很多虚假信息都是"据说""听说"，却找不到确切的来源。

> **※ 如何追根溯源**　● ● ●
>
> ① 寻找原始发布者：新闻报道有没有署名记者？研究结论来自哪个研究机构？
>
> ② 查看发布日期：有些"新闻"其实是多年前的旧闻重发，脱离了原有语境。
>
> ③ 评估来源可靠性：权威科学期刊、知名大学、专业研究机构通常比匿名网站更可靠。
>
> ④ 区分事实与观点：文章是在陈述可验证的事实，还是在表达个人观点？

以米米听到的"巧克力提高智商"为例，我们可以追查：这个说法最初来自哪篇研究论文？是哪个研究团队得出的结论？发表在哪本科学期刊上？

如果无法找到这些信息，或者来源是"网友分享""据国外媒体报道"这样模糊的说法，那就需要提高警惕了。

当查找原始来源时，你可以具体询问："这个说法的原始研究是什么"或"这个消息最初由谁发布"，这样可以直接找到信息的源头。

● **第二步：交叉验证，对比多个信息源**

光有一个来源还不够，即使是权威来源也可能出错。因此，第二步是进行交叉验证 —— 查看不同的信息源是否有一致的说法。

※ 交叉验证的方法

① 多渠道查询：查看3个以上不同的信息源，特别是立场不同的来源。

② 寻找共识与争议：专家们在这个问题上有共识吗？还是存在重大分歧？

③ 比较报道角度：不同来源对同一事件的报道有何异同？为什么会有差异？

④ 关注专业辟谣平台：许多权威机构专门进行事实核查，如科学辟谣平台。

回到巧克力的例子，通过查阅多个科学数据库和健康研究机构的资料，我们会发现：确实有研究表明可可中的某些成分可能对认知功能有积极影响，但没有直接证据支持"巧克力显著提高智商"或"促进生长"的说法。大多数研究都强调，这些潜在益处需要在适量摄入的前提下，而且效果因人而异。

交叉验证不仅能帮助我们发现虚假信息，还能帮助我们获得更全面的认识。毕竟，真相往往是多面的。

当需要交叉验证时，我是不是可以问"有没有其他研究支持或反驳这个观点？"

米米，你太棒了，完全正确！

● **第三步：理性分析，运用批判性思维**

前两步收集了信息，第三步则是最关键的 —— 运用我们的大脑进行理性分析。批判性思维是辨别信息真伪的终极武器。

> ## ※ 批判性思维的核心要素　　● ● ●
>
> ① 常识检验：这个信息是否符合基本常识？如果一个说法听起来太过神奇，往往需要更强有力的证据。
>
> ② 逻辑推理：信息中的因果关系是否合理？有没有逻辑漏洞？
>
> ③ 动机分析：传播这个信息对谁有利？是否有商业、政治或个人利益驱动？
>
> ④ 情绪警觉：信息是否过度煽动情绪？夸张的情绪化表达常常是虚假信息的特征。

※ 虚假信息的常见类型

① 情绪煽动型：利用恐惧、愤怒等强烈的情绪促使人快速分享，不加思考。

② 阴谋论型：暗示有隐藏的、不可告人的目的，声称"大多数人都不知道的真相"。

③ 过度简化型：将复杂问题简化为简单的因果关系，忽略了现实世界的复杂性。

④ 伪专业型：使用大量专业术语制造科学假象，实际内容却经不起推敲。

对于"巧克力提高智商"的说法，我们可以思考：如果效果真这么显著，为什么不是头条新闻？为什么学校不推荐学生多吃巧克力？这样的夸张效果是否符合我们对营养与智力关系的科学认知？

批判性思维不是怀疑一切，而是理性地评估信息，进而做出更明智的判断。批判性思维能力是现代社会每个人都应该培养的核心能力。

我觉得理性分析最难，有时候我不知道该相信什么。

批判性思维是一种需要练习的技能。开始时可能感觉困难，但随着你的知识积累和经验增长，它会变得越来越自然。

6.1.2 DeepSeek辅助进行信息查证

在信息查证的过程中，DeepSeek可以成为你的得力助手，但它不能替代你的判断。

※ DeepSeek 辅助信息查证

① 收集多源信息：DeepSeek可以快速查找多个来源的信息，节省你的查询时间。

② 提供背景知识：当你遇到不熟悉的领域时，DeepSeek可以提供必要的背景知识，帮助你理解信息的上下文。

③ 分析信息特征：DeepSeek可以帮助分析信息的客观性、情感倾向和专业程度，提示可能存在的偏见。

④ 引导批判思考：通过提出关键问题，DeepSeek可以引导你思考信息的合理性和可靠性。

然而，DeepSeek也有局限性。它基于已有数据训练，可能无法获取最新信息；它不能完全辨别复杂的真假信息；最重要的是，它无法替代你的思考和判断。信息真伪的最终决定权永远在你手中。

没错，技术是辅助，思考是核心。

所以，DeepSeek 可以帮你查资料、整理信息，但真正的"大脑"还是你自己！

我明白了！
"信息查证三步走"加上 DeepSeek 的帮助，我
以后就不会轻易被虚假信息迷惑了！

　　信息素养就像现代社会的"超能力"。在信息海洋中，学会分辨真假、明辨是非，不仅能保护我们免受谣言困扰，还能帮助我们做出更明智的决策。掌握了"信息查证三步走"这个方法，你就能在数字世界中游刃有余，成为一个独立思考的智慧公民。

【 小D和小K的温馨提示 】

① 遇到重要信息，先不要急着转发，花几分钟验证真伪。

② 警惕情绪化标题和夸张表述，这常常是虚假信息的特征。

③ 培养定期阅读权威信息的习惯，建立知识储备。

④ 向老师、家长请教是验证信息的好方法。

⑤ 能够独立判断信息真假是现代社会的关键能力。

⑥ 使用DeepSeek查证信息时，要清晰描述你的疑问，以获取多角度信息。

6.2 保护自己：AI使用安全提示

周末下午，米米正在房间里用DeepSeek协助完成一篇科学小论文。她专注地打字，询问了几个关于太阳系的问题，并请DeepSeek帮她润色了几个段落。

不过，随着 AI 工具在学习和生活中的应用越来越广泛，了解如何安全使用它们变得非常重要。

米米，我发现你越来越熟练地使用 AI 工具了！

安全使用？
我需要注意什么呢？

※ AI 时代的新挑战　●　●　●

随着DeepSeek等AI工具走进千家万户，它们正悄然改变我们学习、工作和生活的方式。这些智能助手可以帮我们写作、解题、查询信息、创作内容……便利之余，也带来了一系列新的安全挑战。

对于你们这些从小就接触AI的人来说，学会安全、理性地使用AI工具，不仅关乎个人信息安全，更关乎思维独立性和创造力的保护。正如学会骑自行车需要知道交通规则一样，使用AI工具也需要掌握一些基本的"安全守则"。

6.2.1 守护个人信息安全

在数字时代，个人信息就是你的"数字身份证"，需要特别保护。

※ 保护个人信息的关键策略 ● ● ●

① 明智选择分享的信息：与AI交流时，避免分享敏感的个人信息，如完整的姓名、家庭住址、电话号码、身份证号码等。

② 使用适龄平台：可以选择专为青少年设计的AI平台，这些平台通常有额外的安全保障措施。

③ 了解隐私政策：尽管看起来很无聊，但了解AI平台如何处理你的数据非常重要。可以请家长帮忙一起阅读和理解。

④ 定期清理历史对话：一些AI平台会保存你的对话记录，记得定期清理不需要的历史记录。

⑤ 使用强密码保护账号：创建复杂密码并定期更换，避免在多个网站使用相同密码。

我平时会问 DeepSeek 很多问题，这些都会被记录下来吗？

不同平台有不同的数据处理方式。重要的是，不要在与 AI 的对话中分享你不希望陌生人知道的信息！

6.2.2 正确认识AI的能力与局限

　　了解AI的真实能力和局限，是安全使用的基础。AI很聪明，但并不是无所不能的"魔法盒子"。AI的主要能力与局限如下表所示。

AI擅长的领域	AI的主要局限
提供事实性信息和知识解释	不能获取实时信息 （除非特别设计）
语言处理和创作辅助	可能产生"幻觉" （生成看似合理但实际不正确的内容）
简单的逻辑推理和问题解答	无法确保100%的准确性
提供多角度的思考和建议	缺乏真实的情感和道德判断

　　理解AI工具的局限很重要。例如，当你询问健康问题时，AI可以提供一般性信息，但不能替代医生的专业建议；当你请AI帮忙解数学题时，它可能给出错误答案，最终的检查和理解仍需要你自己完成。

　　记住，AI只是辅助工具。它的回答需要你自己思考和验证，特别是对于重要的问题。

6.2.3 避免过度依赖AI工具

　　在AI工具如此便捷的今天，一个关键挑战是避免过度依赖。那么如何防止过度依赖AI工具呢？

※ 防止过度依赖 AI 工具的策略

① 设定明确的界限：清楚区分AI可以帮助你的部分和你需要独立完成的部分。例如，AI可以帮你解释概念，但理解和内化这些概念是你自己的任务。

② 将AI视为辅助工具：就像计算器帮助计算但不能替代数学思维一样，AI可以辅助学习，但核心思考过程需要你自己完成。

③ 培养独立思考的习惯：使用AI工具前，先尝试自己思考问题。获得AI工具的回答后，不要直接接受，而是批判性地思考其合理性。

④ 定期"数字断食"：安排一些完全不使用AI工具的时间，锻炼自己独立解决问题的能力。

有时候我发现自己遇到问题就想问DeepSeek，这样不好吗？

便捷的 AI 工具是双刃剑。想象一下，如果你总是依赖导航，可能永远学不会认路。正确的方式是，先自己思考，实在不行再寻求AI 工具的帮助。

6.2.4 辨别AI生成的内容

随着AI技术的发展，辨别内容是人类创作的还是AI生成的变得越来越困难。了解如何识别AI生成的内容，对于信息素养的培养至关重要。

※ 识别 AI 生成内容的技巧

① **注意语言特征**：AI生成的内容往往过于完美流畅，缺乏个人风格和独特视角。过于标准化的语言可能是AI创作的信号。

② **寻找事实错误**：AI可能生成看似合理但实际上不正确的"假事实"，特别是关于具体数据、日期或不常见的知识点。

③ **检查情感真实性**：AI在表达深刻情感和个人经历时往往显得空洞或公式化，缺乏真实的情感细节。

④ **留意逻辑一致性**：长篇的AI生成内容可能在不同部分之间出现细微的逻辑矛盾。

⑤ **使用AI检测工具**：一些专业工具可以帮助检测内容是否由AI生成，尽管它们并非100%准确。

当然，随着技术的不断发展，AI生成的内容可能会越来越"真假难辨"。我们了解这些特征也并不是为了排斥AI创作，而是培养批判性思维，让自己在信息海洋中保持清醒。

> 这么说，以后网上的内容可能越来越多是AI生成的？

> 没错！所以学会辨别AI生成的内容，理解它的特点和局限，是体现一个人信息素养的关键。

6.2.5 建立健康的使用习惯

像使用所有的数字工具一样，健康的使用习惯对于AI工具同样重要。

※ 健康使用 AI 工具的建议 ● ● ●

① 设定时间界限：避免长时间连续使用AI工具，定期休息，保护视力和心理健康。

② 保持人际交流：AI工具不能替代真实的人际互动。与朋友、家人、老师的交流对个人成长至关重要。

③ 平衡线上线下活动：确保AI工具只是你生活的一小部分，保持体育锻炼、户外活动和面对面社交。

④ 培养多元兴趣：除了使用AI工具，也要发展其他的兴趣爱好，如运动、艺术、阅读等。

⑤ 建立反思习惯：定期思考自己使用AI工具的方式和频率，调整以确保健康平衡。

记住，科技应该增强我们的能力，而不是替代我们思考或限制我们的生活。

6.2.6 应对特殊的安全风险

在使用AI工具时，还需要警惕一些特殊的安全风险。一些常见的安全风险及应对策略如下。

※ 常见的安全风险及应对策略

① 不当内容过滤：尽管大多数AI平台都有安全过滤机制，但仍可能遇到不适宜的内容。遇到这种情况，立即停止对话，必要时向家长寻求帮助。

② 欺骗性使用：警惕他人利用AI技术进行欺骗，如生成虚假信息或仿冒他人身份。保持警惕，交叉验证重要信息。

③ 版权和原创性问题：使用AI工具辅助创作时，要了解相关平台的版权政策，明确标注AI辅助部分，尊重知识产权。

④ 过度个性化推荐：AI可能基于你的兴趣创建"信息茧房"，限制你接触多元观点。所以要学会有意识地寻求不同立场的信息。

⑤ 潜在的社会工程学攻击：警惕利用AI进行的社会工程学攻击，如引导你点击可疑链接或分享敏感信息。

这些听起来有点吓人，使用 AI 工具真的有这么多风险吗？

别担心！这就像学习骑自行车一样，了解这些风险是为了更安全地享受科技带来的便利。大多数风险都可以通过简单的预防措施避免。

介绍这些潜在风险并不是要吓唬你，而是帮助你成为一个更有准备、更聪明的"数字公民"。

6.2.7 AI伦理：成为负责任的AI用户

　　使用AI工具不仅关乎个人安全，还涉及更广泛的伦理考量。负责任的AI使用者应该了解一些基本的AI伦理。

※ 基本的 AI 伦理　　　●　●　●

　　① 尊重他人的权利：不使用AI工具创建或传播虚假信息、谣言或有害内容。

　　② 诚实透明：在学术研究和创作中清晰标注AI辅助的部分，不将AI生成的内容完全当作自己的作品。

　　③ 公平使用：确保AI工具的使用不会对他人造成不公平的影响或伤害。

　　④ 批判性参与：积极参与关于AI技术发展和监管的讨论，培养对AI社会影响的思考。

　　⑤ 持续学习：随着技术发展，不断更新对AI能力和局限的认识。

我明白了，使用 AI 工具不仅是技术问题，也是道德问题。

没错！真正的智慧不仅在于知道如何使用工具，还在于知道何时、为何使用它，以及使用它的边界在哪里。

随着AI技术深入我们的学习和生活，掌握安全使用AI工具的技能已经成为现代青少年的必备素养。就像学会在网络世界中保护自己一样，了解如何安全、健康、有道德地使用AI工具，将有助于我们充分发挥科学技术的潜力，同时避免可能产生的风险。

【小D和小K的温馨提示】

① 保护个人隐私，不在AI平台上分享敏感的个人信息。

② 记住AI只是工具，不是权威，关键决策仍需要你的判断。

③ 养成先思考后提问的习惯，避免过度依赖AI工具。

④ 平衡线上线下活动，保持健康的使用时间。

⑤ 学会辨别AI生成的内容，保持批判性思维。

⑥ 遇到不适内容或可疑活动，立即停止对话并寻求帮助。

⑦ 做一个负责任的AI用户，尊重原创和知识产权。

⑧ 把AI工具视为增强你能力的助手，而不是替代你思考的工具。

在人工智能时代，最重要的仍然是我们的自然智能——独立思考的能力、创造的能力、判断的能力。AI是强大的工具，但真正的主导权始终在人手中。这是一段令人兴奋的旅程，拥抱AI新技术，让它成为我们成长路上的得力助手，而不是思考的替代品。

DeepSeek
你的
AI家教助手